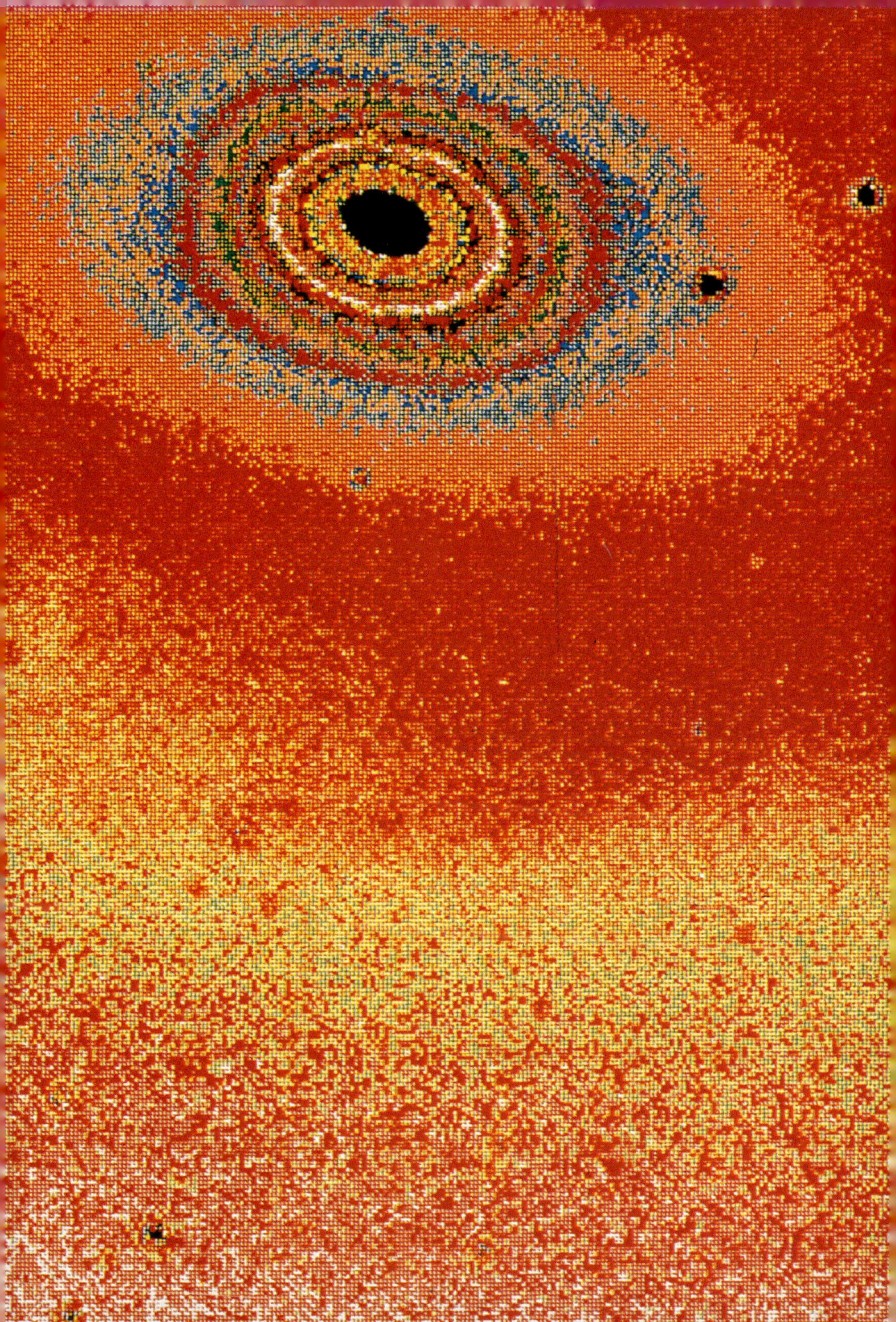

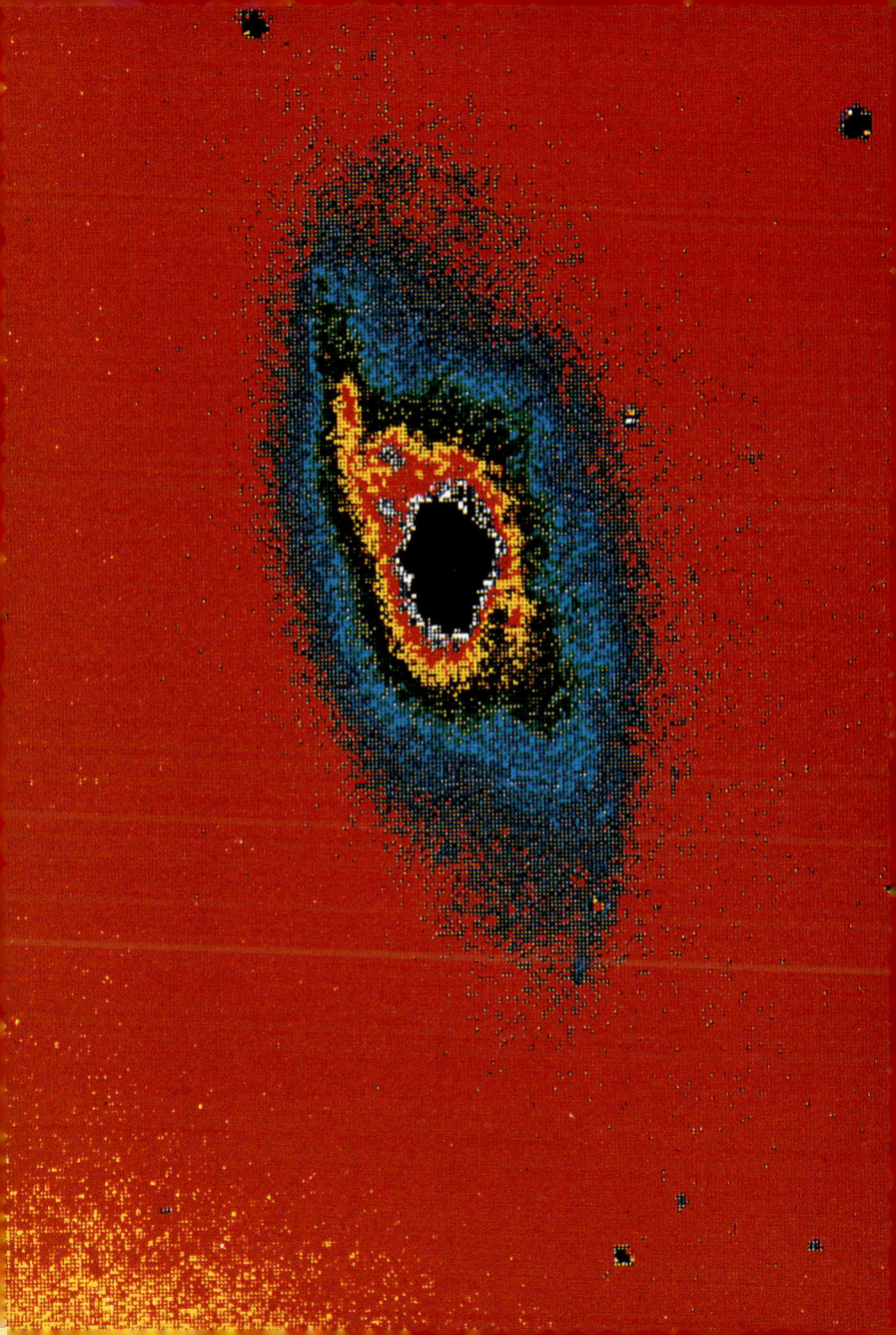

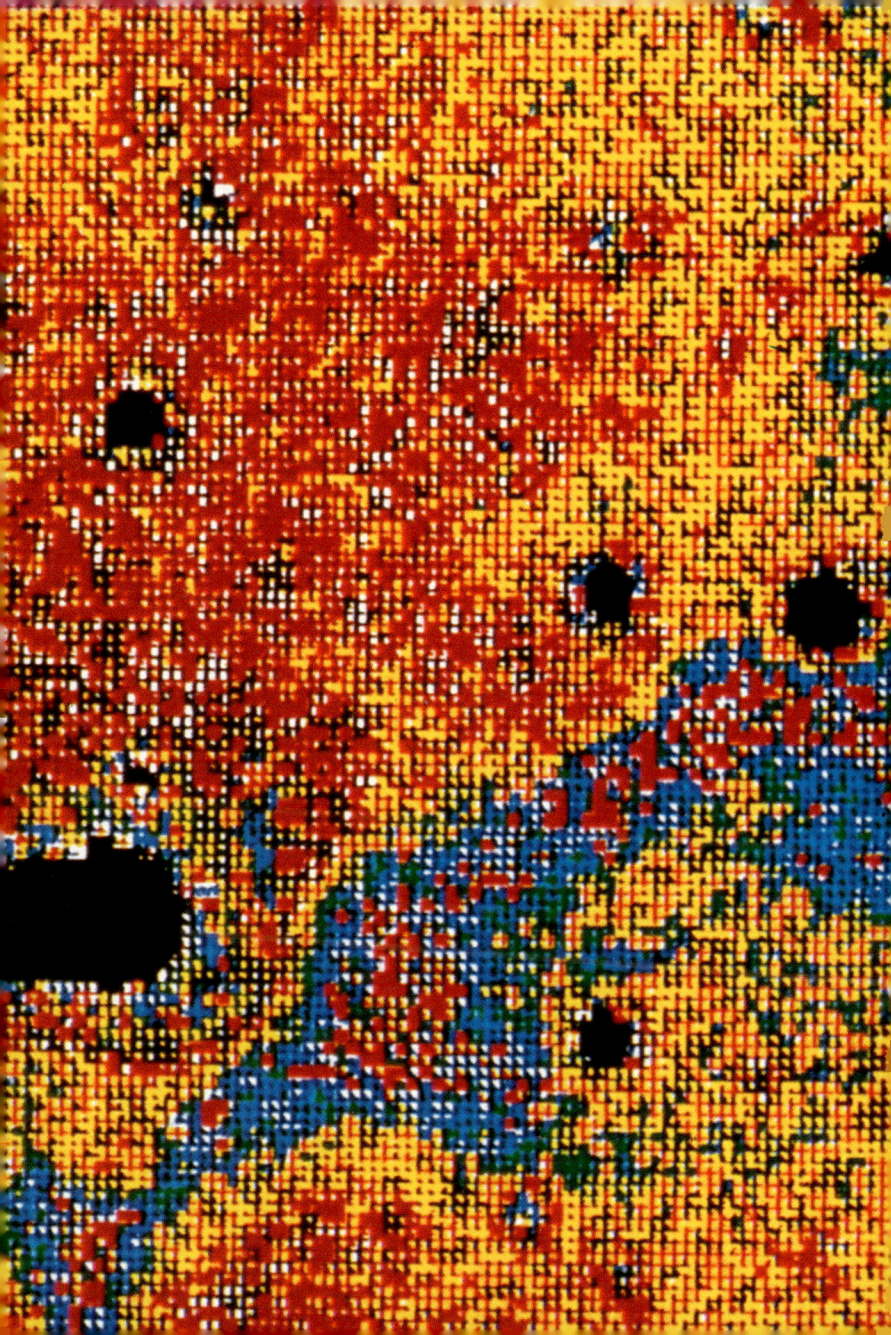

Prof. Trinh Xuan Thuan stammt aus Hanoi und ist seit 1976 Professor für Astrophysik an der Universität von Virginia. Als Fachmann für außergalaktische Astronomie hat er zahlreiche Artikel über die Entstehung und Entwicklung der Galaxien geschrieben. Er ist Autor des großen Publikumserfolgs „Die geheime Melodie" (1988) und „Ein Astrophysiker" (1992).

Deutsche Textfassung: Walburga Christine Sarcher
Wissenschaftliche Bearbeitung: Dr. Hilmar W. Duerbeck

Die Deutsche Bibliothek – CIP-Einheitsaufnahme

Die Geburt des Universums / Trinh Xuan Thuan,
[Dt. Textfassung: Walburga Christine Sarcher. Wiss. Bearb.:
Hilmar W. Duerbeck. Red. der dt. Fassung: Ursula Behrendt-Roden]. –
Dt. Erstausg. – Ravensburg: Maier, 1993
(Abenteuer Geschichte; 39) (Ravensburger Taschenbuch)
Einheitssacht.: Le destin de l'univers. <dt.>
ISBN 3-473-51039-4
NE: Trinh, Xuan-Thuan; Duerbeck, Hilmar W. [Bearb.];
Behrendt-Roden, Ursula [Red.]; EST; 1. GT

ABENTEUER GESCHICHTE

Deutsche Erstausgabe als Ravensburger Taschenbuch
© 1993 Ravensburger Buchverlag Otto Maier GmbH

Die Originalausgabe erschien unter dem Titel
„Le destin de l'Univers. Le big bang, et après"
© 1992 Editions Gallimard, Paris

Redaktion der deutschen Fassung: Ursula Behrendt-Roden

Alle Rechte dieser Ausgabe vorbehalten durch
Ravensburger Buchverlag Otto Maier GmbH
Satz: Eduard Weishaupt, Meckenbeuren
Printed in Italy by Soc. Editoriale Libraria

5 4 3 2 1   97 96 95 94 93

ISBN 3-473-51039-4

DIE GEBURT DES UNIVERSUMS

Trinh Xuan Thuan

Otto Maier Ravensburg

ERSTES KAPITEL

DIE ENTWICKLUNG DES WELTBILDES

Um die verborgene Harmonie des Universums zu enträtseln, hat der Mensch stets versucht, in einem zusammenhängenden Schema Ereignisse des täglichen Lebens miteinander in Bezug zu setzen: das Licht des Tages und die Dunkelheit der Nacht, das malvenfarbige Licht des Sonnenaufgangs und die feuerrote Himmelsfarbe beim Sonnenuntergang; faszinierend von jeher auch der große, weißschimmernde Bogen über uns, die Milchstraße.

Zu allen Zeiten und in allen Kulturen hat der Mensch seine Wünsche und seine Träume an den Himmel projiziert. Die Ägypter sahen dort den Körper einer schönen Frau, der Göttin Nut (links, auf dem Sarkophag von Tachapen-Khonson). Im Mittelalter wußten die Menschen schon, daß die Erde eine Kugel ist; sie glaubten aber noch, daß die Stellungen der Planeten in den Sternbildern des Tierkreises (nebenstehende Zeichnung) das Schicksal der Menschen und der Nationen bestimmen.

Der Sonnengott Ra (nebenstehend abgebildet auf einer Holzstele, wie er einer Anbeterin Wärme und Kraft spendet) hat in der ägyptischen Mythologie des Alten Reiches (zur Zeit der 5. Dynastie, 2480–2320 v. Chr.) große Bedeutung.

* *kursive Begriffe* siehe Glossar Seite 180.

Als die Geister und die Götter über das Universum herrschten

Seit den ältesten Zeiten versucht der menschliche Geist, seine Scheu vor der Unendlichkeit des Raumes durch die Konstruktion von Weltmodellen zu bezwingen, um der ihn umgebenden Welt ein vertrautes Gesicht zu verleihen.

Vor einigen 10 000 Jahren lebten unsere frühen Vorfahren in einem Universum, das in ihrer Vorstellungswelt wahrscheinlich von Geistern beherrscht war: Der Sonnengeist regiert während des Tages, die Geister des Mondes und der *Sterne** während der Nacht, der Baumgeist gibt die Früchte, der Steingeist ist Gebieter der Steine, kurzum: Es herrschte wohl die Vision eines geordneten Universums.

Später, vor ungefähr 10 000 Jahren, entstand ein mythisches Universum, über das die Götter herrschten. Jede natürliche Erscheinung, einschließlich der Schöpfung des Universums, war Folge ihrer Taten, ihrer Liebesbeziehungen, ihres Hasses und ihrer Feindseligkeiten.

So ist auch die Frau als Gebärerin Inspirationsquelle zahlreicher Schöpfungsmythen. Vor fünf Jahrtausenden glaubten die Babylonier, der Himmelsgott Anu sei aus der Verbindung der Urfrau Tiamat mit Apsu, dem Gott der Meerestiefen, hervorgegangen. Anu und Tiamat hätten ihrerseits den Erdgott Ea gezeugt.

Im mythischen Universum der Ägypter ist der Urozean ebenfalls Quelle des Lebens. Hier lebt das erste Wesen Atum, das die Summe allen Lebens in sich trägt und das sich später zum Sonnengott Ra entwickelt. Auf dem Urozean treibt Geb, die Erde, als ebene Scheibe, die von Bergen umrahmt ist. Der Körper der schönen Göttin Nut, der von Shu, dem Gott der Luft, gehalten wird, bildet das Himmelsgewölbe. Die Edelsteine, die mit all ihrem Feuer auf dem Körper von Nut leuchten, stellen die Sterne und Planeten dar. Auf seinem täglichen Weg über den Himmel überquert Ra mit seinem Schiff am Tage den Rücken von Nut, um nachts über die unterirdischen Gewässer zurückzukehren.

Dagegen kennen die Chinesen in ihrem Weltbild keinen personifizierten Gott. Die Welt ist durch die wechselseitige und dynamische Wirkung zweier polar entgegengesetzter Kräfte, dem „Yin" und dem „Yang", entstanden. Der Himmel ist Yang, die männliche, schöpferische und starke Kraft. Die Erde ist Yin, die weibliche und mütterliche Kraft. Yin und Yang folgen aufeinander in einem ständigen Zyklus, wobei das warme und trockene Licht der Sonne, Yang, dem dunklen, kalten und feuchten Licht des Mondes, Yin, weicht.

Im mythischen Universum der Inder stellt Schiwa die ewige Quelle kosmischer Energie dar. Er tanzt den Schöpfungstanz und ist von einer Aureole von Flammen umgeben, die von einem Lotus als Symbol des Wissens ausgeht. Vier Hände hat er: In seiner oberen linken Hand symbolisiert ein Tamburin die Schöpfungsmusik, in seiner oberen rechten Hand sagt eine Feuerzunge den Tod des Universums voraus. Das Universum der indischen Mythen durchläuft die Zyklen des Lebens und des Todes im Zeitraum von Milliarden von Jahren. Dies erinnert an einige Vorstellungen der modernen Kosmologie. Wenngleich heute allgemein bekannt ist, daß sich das Universum ausdehnt, so kennt doch niemand seine Zukunft. Wenn es genügend Masse enthält, damit die Schwerkraft die Expansion zum Stillstand bringt, wird das Universum eines Tages in sich selbst zusammenstürzen und in einer unendlichen Hitze und Dichte sterben. Dies wird der „big crunch", das „Urgedränge" als Pendant zum anfänglichen „Urknall" sein. Die Gesten der zwei anderen Hände Schiwas symbolisieren das ewige Gleichgewicht von Leben und Tod. Schiwa tanzt auf einer hingestreckt daniederliegenden Gestalt, welche die Unwissenheit darstellt.

Die Wissenschaft wurde nicht in China geboren, sondern in Griechenland. Für das chinesische Denken war nämlich die Wechselwirkung von Yin und Yang bestimmendes Grundmuster allen Daseins. Auf dieser Stickerei (links) aus dem 19. Jahrhundert betrachtet ein chinesischer Philosoph das bekannte Symbol. Dagegen waren die Menschen im Abendland davon überzeugt, daß ein einziger Schöpfer am Anfang der Welt stand und daß das Universum nach sehr präzisen göttlichen Gesetzen funktionierte, welche die Menschen entdecken mußten.

Im 6. Jahrhundert v. Chr. ereignet sich an der Küste Kleinasiens, in Ionien, das „griechische Wunder".

Die Griechen zweifeln zu dieser Zeit nicht mehr an der Möglichkeit, Naturerscheinungen erklären und Gesetzmäßigkeiten der Natur erkennen zu können. Damit fühlen sie sich nicht mehr als hilfloser Spielball der Götter. Vielmehr sehen sie sich als Teilhaber des göttlichen Wissens, wenn sie in die Geheimnisse des Kosmos eindringen. Die Bausteine der Welt unterliegen Gesetzen, die vom menschlichen Verstand begriffen werden können. Jetzt gilt es, durch Messungen und genaue Beobachtungen der Vorgänge am Himmel, insbesondere der Planetenbewegungen, die Harmonie des Weltenbaus zu entschlüsseln. Dieser Denkansatz ist so revolutionierend und als Wegbereiter des wissenschaftlichen Denkens so bedeutend, daß man von einem „griechischen Wunder" spricht.

In der griechischen Kosmologie steht die Erde im Mittelpunkt des Universums.

Die Gründe, warum man einem Modell des Universums, dessen Zentrum die Erde ist, den Vorzug gibt, liegen auf der Hand. Was ist denn auch beim allnächtlichen Anblick der Flugbahnen der Himmelskörper verständlicher, als davon auszugehen, daß die Erde unbeweglich im Zentrum des Universums thront und die Sonne, der Mond, die Planeten und die Sterne sich um sie drehen? So stellt sich auch Plato im 4. Jahrhundert v. Chr. ein Universum vor, in dem sich die Erdkugel im Zentrum einer riesigen äußeren Sphäre befindet, die Planeten und Sterne trägt und sich täglich einmal um ihre Achse dreht. Doch kann dieses Universum aus zwei Sphären der eigentümlichen Bewegung der Planeten nicht gerecht werden. Wenn die Planeten und Sterne jede Nacht den Himmel zusammen

Vor der Entwicklung des geozentrischen Weltbilds Platos, das sich sechs Jahrhunderte später schließlich zum Modell des ptolemäischen Universums entwickelt (unten), halten sich die ersten griechischen Kosmologien noch an mythische Vorstellungen. So glaubt Thales, daß die flache Erde auf einem Urozean treibt, der von einem Wasserhimmel überdacht wird. Das Wasser ist hier, wie schon im babylonischen Universum, das Urelement.

Für Anaximander entsteht die Welt aus der Wechselwirkung und Vermischung der Gegensätze von Wärme und Kälte, von Licht und Schatten, was an das Yin-und-Yang-Prinzip der Chinesen erinnert. Für Pythagoras wird das Universum durch mathematische Gesetze und die Ziffern gesteuert. Hier sind die Zahlen das Prinzip und die Quelle eines jeden Dinges. Sie spiegeln die Vollkommenheit der Götter wider.

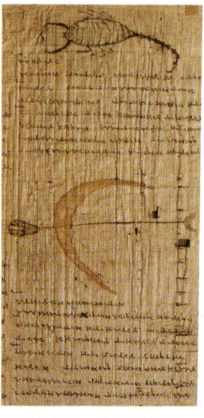

von Osten nach Westen überqueren, so zeigen die Planeten von Zeit zu Zeit die Eigentümlichkeit, sich in bezug auf die Sterne rückwärts zu bewegen.

Wir wissen heute, daß diese sogenannte „rückläufige" Bewegung nicht der Wirklichkeit entspricht. Die Illusion tritt lediglich auf, weil wir die Planetenbewegungen von der Erde aus beobachten, die selbst in Bewegung ist.

Eudoxos, ein junger Zeitgenosse Platos, ist weit davon entfernt zu glauben, daß sich die Erde bewegen könne. Um die retrograde Bewegung der Planeten bei feststehender Erde erklären zu können, wandelt er Platos Universum mit zwei Sphären in ein Modell mit 33 Sphären um. Zur Erdsphäre und zur Sphäre der Fixsterne kommt für jeden Planeten eine weitere Sphäre hinzu. Jede Planetensphäre ist mit zusätzlichen Hilfssphären verbunden. Letztere sind unentbehrlich, weil nur die Kombination der Rotationsbewegung der Planetensphäre mit derjenigen der zusätzlichen Sphären die Rückläufigkeit der Planeten erklären kann.

„Und Gott schuf Himmel und Erde…"

Das Modell des aus vielen Sphären bestehenden Universums von Eudoxos, das von Ptolemäus weiterentwickelt wird und bis ins 16. Jahrhundert vorbehaltlos akzeptiert wird, trägt zwar den Himmelsbewegungen

Rechnung, aber es fehlt ihm noch die nötige Substanz, um alle Phänomene erklären zu können. Wichtige Ergänzungen erhält es durch Aristoteles und etwa 1600 Jahre später durch Thomas von Aquin.

Um 350 v. Chr. nimmt Aristoteles eine Zweiteilung des Weltmodells vor, wobei ihm die Sphäre des Mondes als Scheidegrenze dient. Die Erde und der Mond gehören danach zur sich verändernden und unvollkommenen Welt, in der Leben,

Für Plato (427–347 v. Chr.) bilden die abstrakten geometrischen Formen die „Ideen", welche dem Universum zugrunde liegen, während die physischen Gegenstände nur ein Bild der Wirklichkeit darstellen. Das Universum muß also gedacht und nicht bloß beobachtet werden, um zu seinem wahren Kern vorzudringen. Eudoxos (408–355 v. Chr.), dessen Zeichnungen von Mond, Sonne und Tierkreiszeichen nebenstehend zu sehen sind, lehnt diesen platonischen Ansatz ab. Ihm genügt nicht die reine Idee, um die Wirklichkeit zu erkennen. Der Weg der Erkenntnis muß für ihn zunächst über das Stadium der Beobachtung gehen, bevor der Verstand Schlußfolgerungen ziehen kann.

Abnutzung
und Tod herr-
schen. In dieser Welt,
die aus den vier Elementen Erde,
Wasser, Luft und Feuer besteht, ist
jede Bewegung vertikal. Demgegenüber
ist in der Welt der „Himmelssphären", also derjenigen der
übrigen Planeten, der
Sonne und der
Sterne,

Das mythische Ele-
ment, das im geo-
metrischen Universum
des Aristoteles verschwun-
den war, erscheint wieder
im mittelalterlichen
Weltbild mit

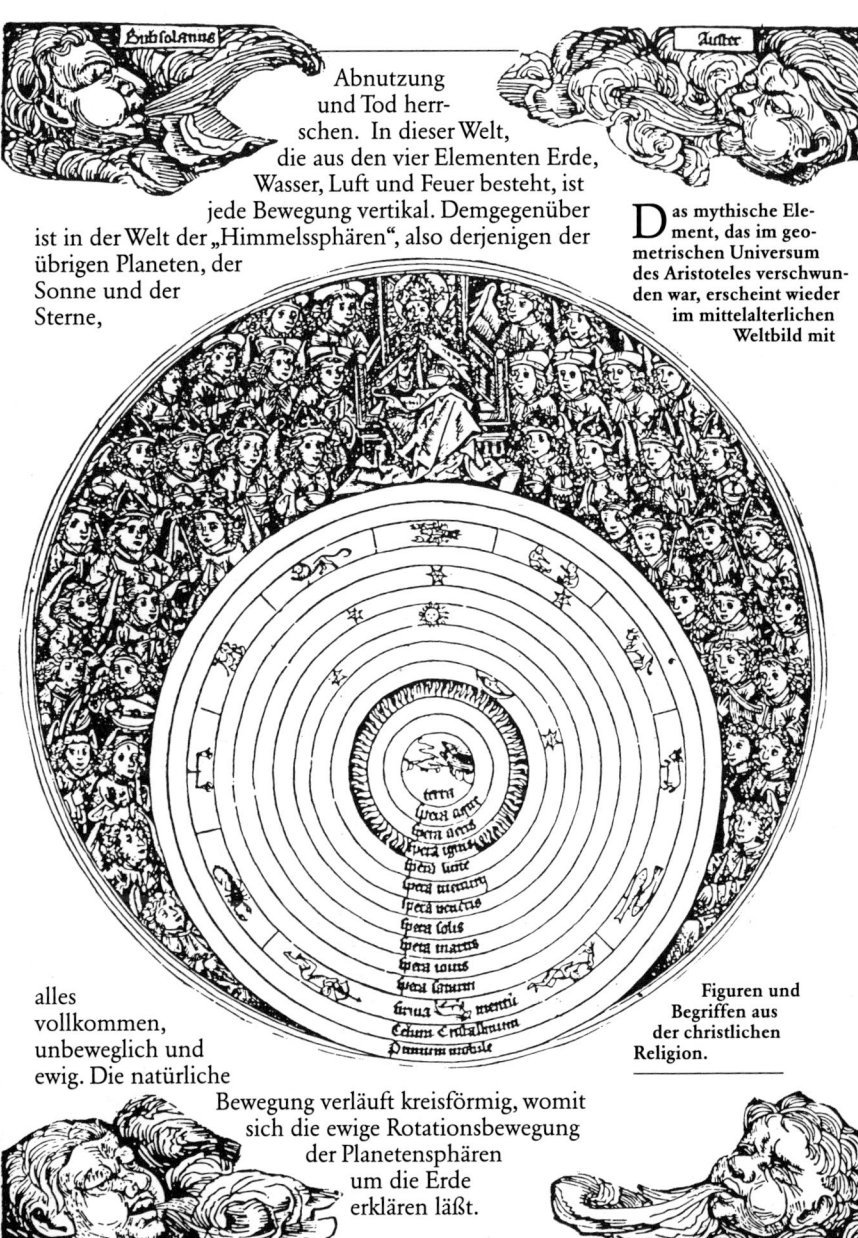

alles
vollkommen,
unbeweglich und
ewig. Die natürliche

Figuren und
Begriffen aus
der christlichen
Religion.

Bewegung verläuft kreisförmig, womit
sich die ewige Rotationsbewegung
der Planetensphären
um die Erde
erklären läßt.

Die Synthese aus
aristotelischem und christlichem Weltbild wird im
13. Jahrhundert durch den Dominikanermönch Thomas
von Aquin vollzogen. Über den Sphären des Mondes,
der Sonne, der Planeten und der Sterne nimmt er eine

erste Sphäre an,
die in konstanter
Rotationsbewe-
gung ist. Von nun an
stellt man sich Gott
als ein Wesen vor, das im
Bereich des „ewigen Feuers",
jenseits der ersten Sphäre, angesiedelt
ist und über das Schicksal des Universums
wacht, das er erschaffen hat. Die Engel
bewohnen die Sphären der Planeten und
der Sonne und regulieren deren Verlauf.
Im Raum unterhalb des Mondes befindet
sich die Erde. In ihrem Inneren ist
die Hölle als Ort der verdammten
Seelen angesiedelt.

Das heliozentrische Weltbild oder die kopernikanische Revolution

Fast zwei Jahrtausende steht die Erde für den Menschen im Zentrum des Universums. Dann löst der ermländische

Domherr Nikolaus Kopernikus (1473–1543) mit der Veröffentlichung seines Buches „Über die Kreisbewegungen der Himmelskörper" im Jahre 1543 eine geistige Revolution aus, deren Folgen noch heute wirksam sind. In seinem Modell entfernt er die Erde aus dem Mittelpunkt des Universums und setzt die Sonne an ihre Stelle. Wie die anderen Planeten beginnt sich die Erde nun zu bewegen, um ihre jährliche Reise um die Sonne zu vollenden.

Durch die Theorie eines heliozentrischen Universums verliert der Mensch seine vorherrschende Stellung im kosmischen Gebilde und kann sich nicht mehr als Mittelpunkt der Welt begreifen. Er muß sich daran gewöhnen, daß ihm damit auch keine bevorzugte Position innerhalb der göttlichen Schöpfung mehr zukommt und das

Das heliozentrische System des Kopernikus benötigte Zeit, um sich in der Wissenschaft und dem Bewußtsein der Menschen durchzusetzen. Auf dem Titelbild von Ricciolis „Almagestum novum" (linke Seite) wird das geozentrische System des Aristoteles den Menschen zu Füßen geworfen, aber auf der Waage wiegt der Entwurf von Tycho Brahe, der einen Kompromiß zwischen aristotelischem und kopernikanischem System darstellt, noch schwerer als das letztere.

Zu Beginn des 18. Jahrhunderts triumphiert endlich Kopernikus: Die Sonne thront in der Mitte des Sternenhimmels (links).
Doch warum hat Kopernikus nicht den Bannstrahl der Kirche auf sich gezogen, die das geozentrische Universum verteidigte? Als Kirchenmann, der er selbst war, präsentierte er sein System im Vorwort seines Buches als mathematisches Modell und nicht als wissenschaftliche Wahrheit. Offensichtlich gab sich die Kirche mit dieser Interpretation zufrieden.

Universum keinesfalls allein für ihn erschaffen wurde. Die Erde ist wie die anderen Planeten nichts weiter als eine der „Sphären". Doch bedeutete nicht auch die Tatsache, daß sie unvollkommen ist und sich verändert, daß Aristoteles sich getäuscht hatte und daß Vergängliches auch in der Welt der „hohen Sphären" und der Götter herrscht?

Im kopernikanischen Weltsystem hat das Universum beträchtlich an Größe zugenommen und in Relation dazu die Bedeutung der Erde entsprechend abgenommen.

Vor Kopernikus hatte das Universum die Größe des Sonnensystems, wobei die äußere Sphäre der Sterne kaum weiter entfernt war als die Sphäre des Saturn. Das kopernikanische Universum ist endlich und durch die äußere Sphäre der Sterne begrenzt, die unbeweglich geworden ist. Die Bewegung der Sterne von Osten nach Westen, wie sie sich Nacht für Nacht am Firmament abzeichnet, beruht nicht mehr auf der Rotation des Himmels um die Erde, sondern auf der täglichen Drehung der Erde um ihre Achse.

König Friedrich II. von Dänemark schenkte Tycho Brahe die in unmittelbarer Nähe von Kopenhagen gelegene Insel Hveen, um seine astronomischen Studien fortsetzen zu können. Er ließ dort ein Observatorium errichten, Uraniborg, von dem links ein Anbau, Sterneborg, zu sehen ist.

Indem Kopernikus der Erde eine Bewegung zuschreibt, die Sonne dagegen als unbeweglich ansieht, muß er annehmen, daß die äußerste Sphäre, die die Sterne trägt, sehr weit von den anderen entfernt ist, denn die Sterne bleiben trotz der Reise der Erde um die Sonne zu allen Zeiten unbeweglich und ändern ihre Lage zueinander nicht. Wenn, wie Kopernikus glaubt, die Sterne an einer Sphäre festgeheftet sind, muß ein Beobachter auf der Erde eine Hälfte der Sterne „näher" und somit weiter auseinandergerückt sehen, während die andere Hälfte weiter entfernt und damit zusammengezogen erscheint. Da dieser Effekt aber von Kopernikus nicht beobachtet worden ist, folgert er, daß die Entfernung Erde – Sonne sehr viel kleiner als die Entfernung zu den Sternen sein muß. Auch als man später davon ausgeht, daß es nahe und ferne Sterne gibt, bleibt die Suche nach der perspektivischen Bewegung zwischen ihnen lange Zeit vergeblich.

Die Kuppel schützt den unterirdischen Beobachtungsraum. Einer der Assistenten Tycho Brahes hält ein Positionsmeßinstrument in der Hand, den Quadranten (das Teleskop ist noch nicht erfunden). Uraniborg wird bald zum ersten Observatorium Europas. Dort studiert Tycho Brahe den berühmten Kometen von 1577 (oben). Er entwickelt ein Modell für das Universum, das einen Kompromiß zwischen dem heliozentrischen Universum des Kopernikus und dem geozentrischen des Aristoteles darstellt: Die Planeten drehen sich um die Sonne, doch die Sonne dreht sich mit ihrem Gefolge von Kometen um die Erde, ebenso wie der Mond (Zeichnung links oben).

Warum fallen die Planeten nicht vom Himmel?

Der Däne Tycho Brahe vertieft den kopernikanischen Ansatz. Er präzisiert die astronomischen Beobachtungen, soweit dies vor der Erfindung des Fernrohrs möglich ist. Im Jahre 1572 sieht er im Sternbild der Kassiopeia einen neuen Stern aufleuchten, der so hell strahlt, daß er einen Monat lang selbst tagsüber zu sehen ist. Der Stern muß

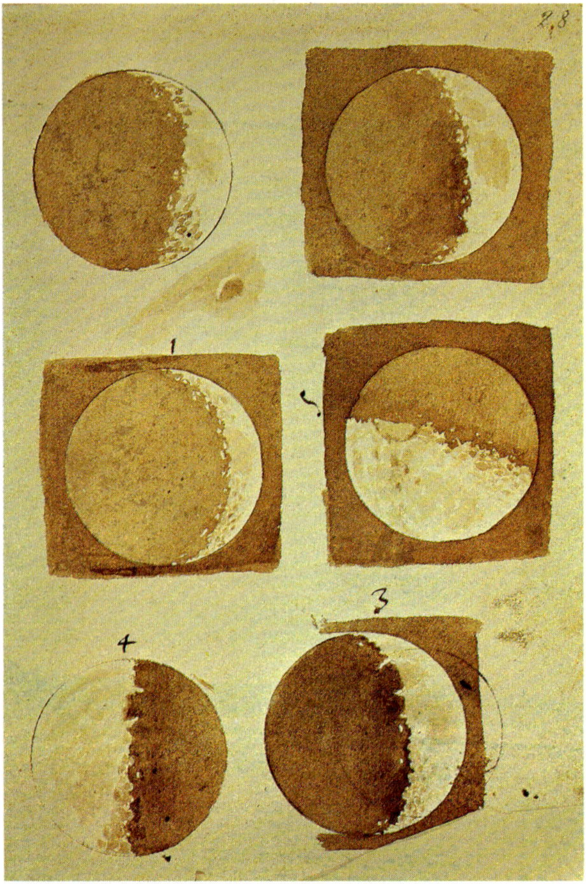

Galileo Galilei (1564 – 1642), der Ahnherr der Experimentalphysik, beginnt seine Karriere mit dem Studium der Fallbewegung von Objekten. Er weist nach, daß alle Objekte, die zu Boden fallen, unabhängig von ihrem Gewicht genau dieselbe Beschleunigung erfahren. Wenn es keinen Luftwiderstand gäbe, erreichten eine Feder und eine Bleikugel, die gleichzeitig von einem Turm geworfen würden, auch gleichzeitig den Boden. Im Jahre 1609 beobachtet er die verschiedenen Mondphasen (präzise und richtig in dieser Reihe von Zeichnungen dargestellt, die von Galilei selbst stammen).

Er entdeckt, daß auch die Venus Phasen durchläuft, die von der Beleuchtung des Planeten durch die Sonne herrühren und nur erklärt werden können, wenn sich die Venus auf einer Bahn um die Sonne befindet.

sehr weit entfernt sein, ein gutes Stück jenseits der Planetensphären, denn im Gegensatz zu den Planeten veränderte er seine Position in bezug auf die entfernten Sterne nicht. Heute wissen wir, daß der neue Stern nichts anderes war als eine Supernova, eine gewaltige Explosion, die den Tod eines massiven Sterns in unserer *Milchstraße* bedeutete. In einem letzten Aufleuchten setzt er während weniger Tage soviel Energie frei wie Milliarden von Sonnen.

Der Glaube an die aristotelische Vollkommenheit der „Sphären" wird 1577 erneut durch das Auftauchen eines großen Kometen erschüttert. Bisher waren Kometen als

Erscheinungen in der Erdatmosphäre angesehen worden, ganz ähnlich wie die Regenbögen. Tycho Brahe zeigt, daß dies unmöglich ist. Der Komet ändert seine Position in bezug auf die entfernten Sterne, was ihn der Erde viel näher stellt als die Supernova. Zugleich ist er entfernter als der Mond, denn die Bewegung des Kometen ist viel geringer als die des Mondes. Er befindet sich irgendwo inmitten der Planetensphären.

Tycho Brahe stellt fest, daß die Kometenbahn oval und nicht kreisförmig verläuft, womit er den Begriff der kreisförmigen Vollkommenheit der Bewegungen am Himmel in Frage stellt. Besser noch: Wenn die Bahn des Kometen oval ist, muß dieser zwangsläufig die soliden Planetensphären durchqueren, was völlig absurd ist, wenn letztere wirklich existieren.

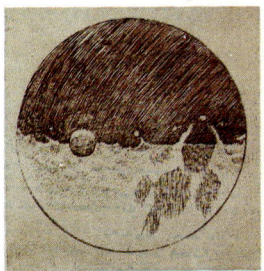
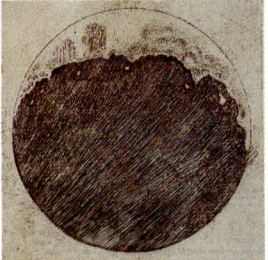

Aber wenn die Planeten nicht an solide Sphären gebunden sind, was hält sie dann am Himmel?

Galilei bringt den Himmel und die Erde miteinander in Einklang.

Der Italiener Galileo Galilei rechnet mit der aristotelischen Vorstellung ab, wonach die Erde und der Himmel von unterschiedlichen Naturgesetzen gesteuert werden. Die irdischen Bewegungen sind nach dieser Lehre geradlinig, die himmlischen kreisförmig. Galilei glaubt jedoch, daß

Im Bewußtsein der großen Bedeutung seiner Entdeckung sendet Galilei sofort eine verschlüsselte Botschaft an Kepler in Prag: „Die Mutter der Liebe [Venus] ahmt die Formen der Diana [des Mondes] nach."

eine tiefgehende Einheit die Erde und den Himmel verbindet und dieselben Naturgesetze alle Vorgänge im Universum steuern. Dank präziser Beobachtung können diese Gesetze nachvollzogen werden. Im Jahre 1609 richtet Galilei erstmals ein Teleskop gegen den Himmel. Neue „Unvollkommenheiten" werden am Himmel erkannt: Berge erheben sich auf der Mondoberfläche, und auf der Sonne sind dunkle Flecken zu erkennen. Jupiter zeigt vier Satelliten, die sich auf Bahnen um ihn herum bewegen, womit sich die Vorstellung, alles drehe sich um die Erde, erneut als falsch erweist.

Galilei verkündet 1632 in seinem Buch „Dialog über die zwei hauptsächlichen Weltsysteme" mit allem Nachdruck, daß das Universum heliozentrisch sei. Dies ist für die Kirche nicht mehr akzeptabel. Sie stellt Galilei bis zu seinem Tode im Jahre 1642 unter Hausarrest und setzt sein Buch bis 1822 auf den Index. Die Trennung von Wissenschaft und Religion ist vollzogen.

Kepler und Newton formulieren die Gesetze, auf denen die Wissenschaft vom Universum noch heute beruht.

Im Jahre 1606 kann der Deutsche Johannes Kepler (1571 – 1630) das Geheimnis der Planetenbewegungen durchdringen. Er verdankt dies den wertvollen Beobachtungen der Planetenpositionen, die Tycho Brahe mit unvergleichbarer Genauigkeit gemacht und hinterlassen hat. Die Planeten folgen danach keiner Kreisbahn mehr, sondern einer ellipsenförmigen Bahn. Außerdem bewegen sie sich nicht mit konstanter Geschwindigkeit, der nach Aristoteles perfekten

TABVLA III. ORBIVM PLANETARVM DIMENSIONES, REGVLARIA CORPORA

ILLVSTRISS: PRINCIPI, AC DÑO, DÑO, TENBERGICO, ET TECCIO, COMITI MONTI.

Vor seiner Entdeckung der Planetengesetze denkt Kepler, daß die Welt von der Geometrie beherrscht wird, daß die Sphären der sechs Planeten (die drei weiteren sind bis dahin noch nicht bekannt) in die fünf perfekten Körper, wie sie von Plato und Pythagoras gefunden worden sind, eingebettet sein müssen, wie z. B. in den Kubus. (Die Zeichnung stammt aus seinem Buch „Mysterium cosmographicum".)

ET DISTANTIAS PER QVINQVE GEOMETRICA EXHIBENS.

FRIDERICO, DVCI WIR-BELGARVM, ETC. CONSECRATA.

Bewegung, sondern werden um so schneller, je mehr sie sich der Sonne nähern, und langsamer, wenn sie sich von ihr entfernen.

Die mathematischen Gesetze der Planetenbewegungen, wie sie Kepler aufgestellt hat, lösen jedoch nicht das Problem, das sich Tycho Brahe stellt, als er die Planetensphären abschafft: Was hält die Planeten überhaupt auf ihrer Bahn?

Im Jahre 1666 gibt der Engländer Isaac Newton auf diese Frage eine überzeugende Antwort und setzt der aristotelischen Unterscheidung zwischen Himmel und Erde endgültig ein Ende. Nach Newton unterliegen der Fall eines reifen Apfels in einem Obstgarten und die Bewegung des Mondes um die Erde ein und derselben Kraft: der universellen Schwerkraft oder Gravitation.

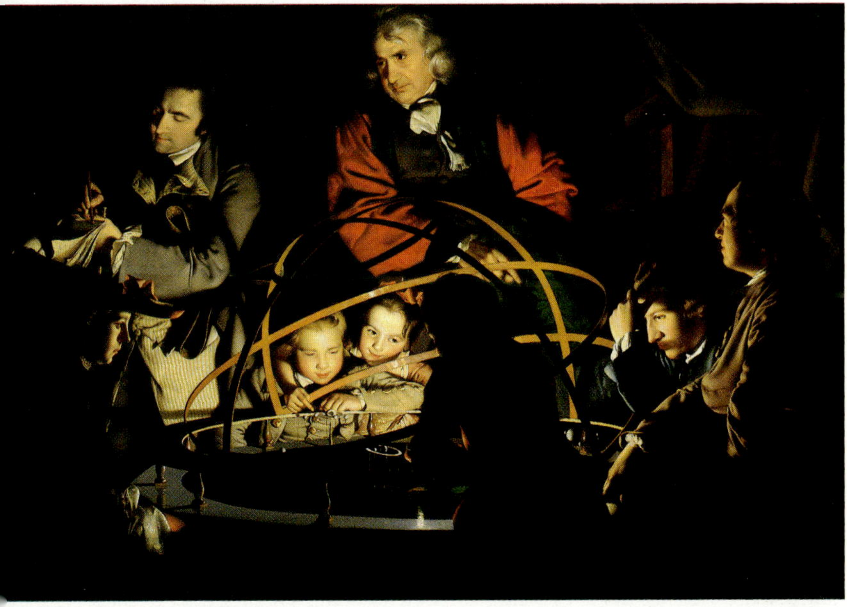

D as Planetarium" von Joseph Wright of Derby belegt das Interesse, das dem Modell Newtons entgegengebracht wurde (unten sein Spiegelteleskop).

Der irische Astronom William Parsons (1800–1867) baut das größte Teleskop seiner Zeit mit einem Spiegel von 1,80 m Durchmesser. Er entdeckt, daß bestimmte Nebelflecken

Die Gotteshypothese ist nicht mehr notwendig.

Nach Newton muß ein Universum, das von der allgemeinen Schwerkraft beherrscht wird, unendlich sein. Denn wenn es Grenzen hätte, gäbe es eine zentrale Position, auf die alle Teile des Universums einstürzen würden, um dort eine große Masse zu bilden. Dies stimmt aber mit den

am Himmel eine Spiralstruktur haben. Daraufhin fertigt er von ihnen eindrucksvolle Zeichnungen an (oben Messier 51, unten Messier 99), ohne jedoch ihre Natur zu erkennen.

Beobachtungen nicht überein. Das Universum Newtons funktioniert wie ein Uhrwerk.

Der Mensch des 19. Jahrhunderts, der in einem unendlichen Universum zur Bedeutungslosigkeit herabgesunken ist, tröstet sich mit dem Gedanken, daß er trotz allem der Nachkomme von Adam und Eva bleibt, die eigens von Gott geschaffen wurden, um die Erde zu beherrschen. Mit der Veröffentlichung seines Buches „Über die Entstehung der Arten durch natürliche Zuchtwahl" läßt der Engländer Charles Darwin diese letzte Illusion platzen. Für ihn als Naturforscher ist die Herkunft des Menschen weit weniger edel: Er stammt vom Affen ab und über diesen von Reptilien, Fischen und schließlich Urzellen. Die biologische Entwicklung erforderte viel Zeit. Nach Aussage der geologischen Forschung sollen es Milliarden von Jahren gewesen sein, anstelle der 6000 Jahre, auf die Kepler und Newton das Alter des Universums schätzten.

Nachdem sich das Modell des Universums zunächst räumlich vergrößert hat, vergrößert es sich nun auch zeitlich.

Als brillanter Mathematiker trägt der Marquis de Laplace (1749 – 1827) zum Verständnis der Planetenbewegungen bei. Er schlägt eine Theorie für die Entstehung des Sonnensystems vor und ist einer der ersten, der von Schwarzen Löchern spricht, die er „verborgene Sterne" nennt. Auf die Frage Napoleon Bonapartes nach dem „Großen Architekten" des Planetensystems antwortet Laplace trocken: „Ich brauche diese Hypothese nicht."

ZWEITES KAPITEL

DAS REICH DER GALAXIEN

Zu Beginn des 20. Jahrhunderts erlaubt die Konstruktion großer Teleskope eine systematische Erkundung des Himmels. Unser Stern verschwindet nunmehr unter den hundert Milliarden Sternen der Milchstraße, die sich ihrerseits unter Milliarden von Galaxien im Universum verlieren.

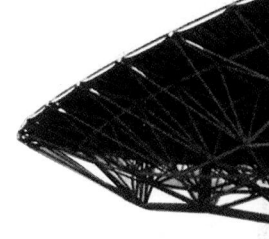

Die Andromedagalaxie (links), die 2,3 Millionen Lichtjahre von der Erde entfernt ist, kann man in einer klaren Winternacht mit bloßem Auge sehen. Ihr Zentrum besteht aus gelben alten Sternen, während sich ihre Spiralarme aus jungen blauen Sternen zusammensetzen. Sie ist von zwei kleinen Galaxienbegleitern umgeben.

In New Mexico steht das VLA, das „Very Large Array". Es setzt sich aus einer Anordnung von 27 Radioteleskopen zusammen (einige davon sind rechts abgebildet), die jedes einen Durchmesser von 25 m besitzen. Dieses riesige amerikanische Radioteleskop hat die Form eines Y, wobei jeder Arm 21 km lang ist.

Das Licht ist das bevorzugte Kommunikationsmittel zwischen Mensch und Universum. Es liefert ihm Informationen mit einer Geschwindigkeit von 300 000 km/s, der schnellstmöglichen Geschwindigkeit im Kosmos.

Das bloße Auge hat seine Grenzen: Es ist ein viel zu kleiner Lichtempfänger und kann ein und dasselbe Bild nicht unbegrenzt festhalten. Das menschliche Gehirn ist so konstruiert, daß es ein Bild, das ihm durch das Auge übermittelt wurde, alle dreißigstel Sekunde erneuern muß. Dadurch kann das Auge nur stark leuchtende und sehr nahe Objekte erkennen. Das entfernte Universum ist ihm völlig unzugänglich.

Seit Galileis Fernrohr werden die Teleskope ständig vergrößert und perfektioniert.

Teleskope sind in zweierlei Hinsicht von Nutzen: Zum einen erlaubt ihre große Oberfläche, viel mehr Licht als unser Auge aufzunehmen, und sie sind so konzipiert, daß sie ein Objekt fast beliebig lange verfolgen können. Sie vermögen damit auch sehr schwach leuchtende Objekte zu erkennen, die sich in beträchtlichen Entfernungen von uns befinden, und erschließen uns damit die Tiefen des Weltalls. Zugleich vergrößern sie die Bilder und erlauben dadurch eine detailliertere Sicht.

Zuerst werden die strahlenbrechenden Teleskope, die Refraktoren, erfunden, die das Licht mit Hilfe einer Linse (wie die Brille) bündeln. Doch Linsen können nur bis zu einem Durchmesser von etwa 1 m hergestellt werden. Größere Linsen würden sich durch ihr Gewicht verformen und keine guten Bilder mehr liefern. Danach beginnt die Zeit der Spiegelteleskope, bei denen das Licht mit einem großen Parabolspiegel (die Oberfläche hat die Form eines Paraboloids) eingefangen wird. Zu Beginn unseres Jahrhunderts

Die moderne Technik hat die Arbeit des Astronomen sehr verändert. Die Teleskope sind automatisiert worden. Vorbei ist die Zeit, in der die Ausrichtung des Teleskops und das Öffnen des Kuppelspaltes mit der Hand erfolgte (wie es diese Zeichnung aus dem 19. Jahrhundert zeigt). Das romantische Bild vom Gelehrten, der im Dunkeln sitzt, das Auge an das Teleskop gepreßt hat und gegen Kälte und Schlaf kämpft, gehört der Vergangenheit an.

Der riesige Hale-Reflektor (nach seinem Erbauer benannt), der sich auf dem Mount Palomar befindet, wird, wie alle modernen Teleskope, von einem leistungsfähigen Computer gesteuert. Sobald das Teleskop ausgerichtet ist, erscheint das Bild des untersuchten Objekts in vieltausendfacher Vergrößerung auf einem Fernsehschirm. Die Teleskopkuppel ist so hoch wie ein Wohnblock mit zehn Stockwerken.

werden zwei Teleskope – eines 1908 mit einem Durchmesser von 1,50 m, ein weiteres 1922 mit einem Durchmesser von 2,50 m – auf dem Mount Wilson, einem Berg im Süden Kaliforniens, errichtet. Sie revolutionieren unsere Auffassung von der Welt. 1948 wird auf einem anderen Berg Südkaliforniens, dem Mount Palomar, ein Teleskop mit 5 m Durchmesser eingeweiht. Es bleibt der größte Reflektor der Welt, bis 1976 ein Teleskop von 6 m Durchmesser auf einem Berg im Kaukasus in Betrieb genommen wird. Das mit modernen Instrumenten ausgerüstete Palomar-Teleskop ermöglicht es, leuchtende Objekte zu sehen, die vierzigmillionenmal schwächer sind als ein Stern, der mit bloßem Auge gerade noch zu erkennen ist.

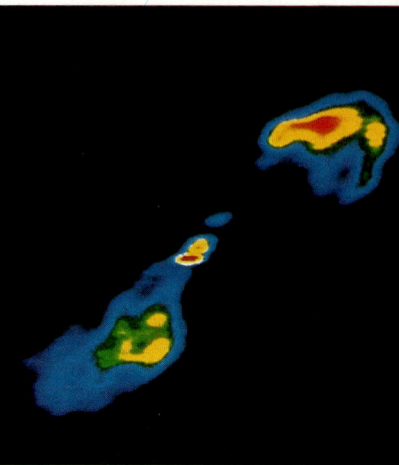

Heute richten weltweit ungefähr 15 Teleskope von mehr als 3 m Durchmesser in jeder klaren Nacht ihre Spiegel gen Himmel, um die Lichterbotschaft des Universums aufzunehmen. Von Arizona bis Hawaii, vom Kaukasus bis nach Chile stehen sie auf Berggipfeln, die von der zivilisierten Welt weit entfernt sind. Doch die Teleskope haben noch nicht ihre denkbar größten Ausmaße erreicht. Schon entstehen auf den Reißbrettern und in optischen Fabriken Ungetüme von 10 bis 15 m Durchmesser, mit denen man ungefähr zehnmal weiter sehen kann als mit dem Palomar-Teleskop.

Es genügt nicht, das Licht einzufangen; es muß auch aufgezeichnet und das entstandene Bild gespeichert werden, um seine Informationswerte zu analysieren.

Die ersten Astronomen mußten sich mit Zeichnungen ihrer Beobachtungen begnügen. Dank der Erfindung der photographischen Platte durch Nicéphore Niepce (1826) können im 19. Jahrhundert erstmals Tausende von Sternbildern auf einer einzigen Glasplatte festgehalten werden. Damit beginnt das systematische Photographieren des Himmels. Durch diese photographischen Platten, die in der Lage sind, das Licht stundenlang auf einer großen Oberfläche aufzuzeichnen, wird die Fähigkeit der Teleskope, schwächer leuchtende Gestirne zu erfassen,

Das geplante europäische Teleskop „Very Large Telescope" (VLT, unten im Modell abgebildet) wird aus vier Teleskopen mit je 8 m Durchmesser bestehen (was einem Teleskop mit einem Spiegel von 16 m Durchmesser entspricht).

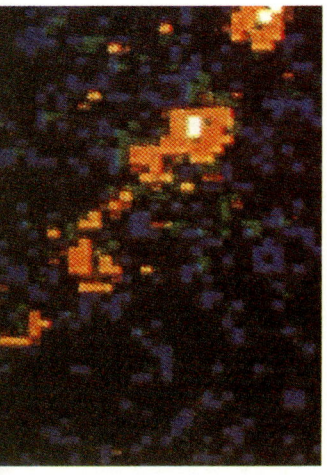

beträchtlich gesteigert. Sie sind zu dieser Zeit das bevorzugte Instrument für Himmelsbeobachtungen, bis sie in den siebziger Jahren durch elektronische Detektoren abgelöst werden. Diese sind so empfindlich, daß sie in einer halben Stunde so viel Licht sammeln wie eine Photoplatte in einer ganzen Nacht.

Ähnlich wie die Regentropfen das Sonnenlicht in das Farbspektrum des Regenbogens zerlegen, erlaubt das Spektroskop, das Licht von Himmelsobjekten zu zerlegen und zu analysieren. Es wird 1814 von Joseph Fraunhofer entwickelt und ermöglicht es, die chemische Zusammensetzung sowie die Bewegung der Sterne und der *Galaxien* zu enträtseln.

Unsichtbares Licht

Die beschriebenen Teleskope erfassen das sichtbare Licht, also die Strahlung, für die unsere Augen empfänglich sind. Nun gibt es einen ganzen Bereich von Strahlungsarten, die mit unserem bloßen Auge nicht erfaßt werden können.

Im Sternbild des Zentauren liegt in einer Entfernung von 20 Millionen Lichtjahren die Galaxie Centaurus A. Hier ist sie in sichtbarem Licht sowie im Radio- und Röntgenbereich (von links nach rechts) dargestellt. Die sichtbare Galaxie ist eine schöne elliptische Galaxie, durch die sich ein riesiges Staubband zieht, das dunkel erscheint, weil es das sichtbare Licht absorbiert. Das Radiobild zeigt zwei längliche Jets, die vom Zentrum der sichtbaren Galaxie ausgehen und zum Staubband senkrecht stehen. Daneben enthüllt das Röntgenbild einen leuchtenden Kern mit nur einem Jet, das nach unten gerichtet ist. Die Astronomen vermuten, daß diese Jets auf dem Radio- und dem Röntgenbild von einem supermassiven Schwarzen Loch herstammen, das sich im Zentrum der sichtbaren Galaxie befindet.

Die Strahlen mit der größten Energie
sind die Gamma- und Röntgenstrahlen. Sie durchdringen das Gewebe des
menschlichen Körpers sehr leicht und
werden daher seit langem medizinisch
genutzt. Das ultraviolette Licht ist zwar
weniger energiereich, aber doch noch
ausreichend, um die Haut zu verbrennen. In der Reihenfolge abnehmender
Energie folgen das sichtbare Licht, die
Infrarotstrahlung, die Mikrowellen und
die Radiostrahlung. Mit ihr werden
Radio- und Fernsehprogramme übermittelt.

Darwin zufolge hat uns die biologische Evolution mit Augen ausgestattet, die nur für das sichtbare Licht
empfindlich sind, denn in diesem
Strahlungsbereich sendet die Sonne
den größten Teil ihrer Energie aus. Die
kosmische Landschaft leuchtet jedoch
im Licht vieler Strahlungsarten, und
eine Beschränkung auf das sichtbare
Licht gäbe uns ein recht unvollständi-
ges und armseliges Bild vom Universum. Stellen wir uns vor, daß unsere
Augen plötzlich nur noch für eine
Farbe empfindlich seien, sagen wir für
rotes Licht. Unser Bild von der Welt
wäre entsprechend bruchstückhaft.

Dank der Erfindung des Radars
während des Zweiten Weltkrieges entsteht in den fünfziger Jahren die Radio-
astronomie. Die Entwicklung der
Raumfahrt erlaubt es den Astronomen,
mit Hilfe von Teleskopen, die durch
Ballone, Raketen oder Satelliten über
die Erdatmosphäre hinaustransportiert
werden, ihre Sehkraft zu erweitern.
Endlich kann das Universum im Licht
der Strahlung untersucht werden, die
bislang durch die Erdatmosphäre
blockiert war: in Gamma-, Röntgenstrahlen, ultraviolettem oder infra-
rotem Licht.

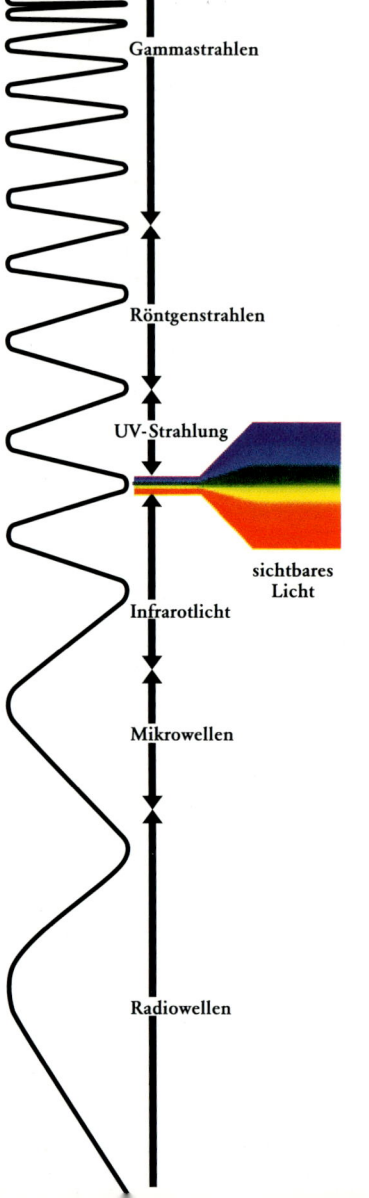

Gammastrahlen

Röntgenstrahlen

UV-Strahlung

sichtbares
Licht

Infrarotlicht

Mikrowellen

Radiowellen

Die Milchstraße: eine Galaxie von 100 000 Lichtjahren Durchmesser

Ausgerüstet mit Teleskopen, photographischen Platten und Spektroskopen machen sich die Nachfahren Keplers und Newtons auf, das Universum zu entdecken. Sie stellen sich ein ganzes Bündel von Fragen: In welchen Entfernungen befinden sich die unzähligen Sterne der Milchstraße? Hat diese Milchstraße Grenzen oder erstreckt

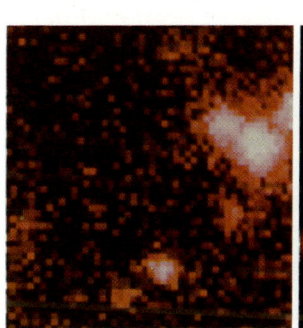 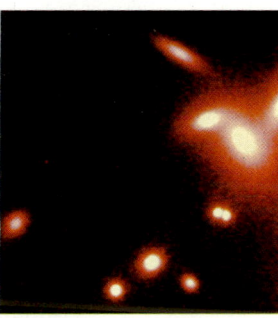

Das Hubble-Weltraumteleskop (2,40 m Spiegeldurchmesser) wurde im April 1990 von der amerikanischen Raumfähre auf eine Umlaufbahn gebracht. Es soll fünfzigmal schwächer leuchtende Gestirne mit zehnmal mehr Details erkennen lassen als diejenigen, die man mit den größten Teleskopen von der Erde aus beobachten kann: links das verschwommene und ungenaue Bild eines fernen Galaxienhaufens durch das große Teleskop von Palomar; rechts derselbe Haufen mit der Klarheit, die Hubble haben sollte. Unglücklicherweise weist der Spiegel des Hubble-Teleskops einen schwerwiegenden Fehler auf, der es nur unscharfe Bilder übermitteln läßt.

sie sich unendlich weit und füllt dabei das grenzenlose Newtonsche Universum gleichmäßig mit Sternen? Die Antworten liegen nicht auf der Hand. Das Universum erscheint uns in zwei Dimensionen an das Himmelsgewölbe projiziert, wie das Gemälde einer Landschaft auf einer großen Leinwand, bei dem der Maler jede Perspektive vergessen hat. Das Geheimnis der kosmischen Tiefe kann jedoch nur dann gelüftet werden, wenn es gelingt, die Perspektive herzustellen.

Die Astronomen machen sich eifrig daran, die Entfernungen der Sterne zu messen, und schon die

Erkundung unserer kleinen Erde im Universum zeigt die Bedeutungslosigkeit unseres Sonnensystems und die extreme Leere des Weltraums. Acht Lichtminuten ist die Sonne von der Erde entfernt, das heißt, ihr Licht braucht acht Minuten, um zu uns zu gelangen. Die Größe des Sonnensystems wird in Lichtstunden gemessen. Pluto, der von der Sonne am weitesten entfernte Planet, ist 5,2 Lichtstunden von der Erde entfernt, während der Abstand

Um das Jahr 1780 versucht der deutsch-englische Astronom William Herschel als erster, die Form der Milchstraße zu bestimmen, indem er die Sterne in verschiedenen Himmelsrichtungen zählt. Er argumentiert folgendermaßen: Je größer die Anzahl der Sterne in einer

zwischen den Sternen bereits in *Lichtjahren* gezählt wird. Der der Sonne am nächsten stehende Stern ist nicht weniger als vier Lichtjahre entfernt. Schließlich werden die Grenzen der Milchstraße erreicht. Sie erstreckt sich nicht ins Unendliche, wie Newton annahm: Es ist eine Scheibe von 100 000 Lichtjahren Durchmesser, die einige hundert Milliarden Sterne enthält. Da wir uns in der Scheibenebene der Milchstraße befinden und uns das Licht einer Vielzahl von Sternen erreicht, bietet sich unseren Augen das Schauspiel eines weißschimmernden Bogens von Sternen, der sich über den Himmel spannt.

Himmelsrichtung ist, desto ausgedehnter muß die Milchstraße in dieser Richtung sein. Damit erhält er eine fast flache Form, was richtig ist. Falsch ist jedoch, daß er die Sonne im Zentrum annimmt.

Die Größe des Sonnensystems ist auf ein Milliardstel der Größe unserer Galaxis reduziert worden. Es ist eine gewaltige Leistung gewesen, die Ausdehnung der Milchstraße von unserer kleinen Erdecke aus zu messen, vergleichbar mit der Anstrengung einer Amöbe, die Ausdehnung des Pazifischen Ozeans zu bestimmen. Nach diesem Ergebnis besitzen die Sterne in der Scheibe nicht mehr ihre aristotelische Unbeweglichkeit. Sie drehen sich alle um das Zentrum der Milchstraße.

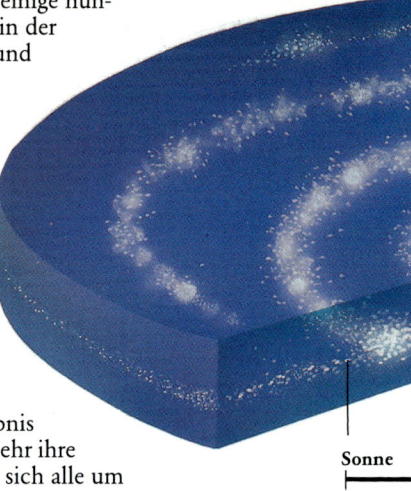

Sonne

Das Sonnensystem wird in die Außenbezirke der Galaxis verbannt.

Die Sonne verliert sich in der Zahl der etwa 100 Milliarden Sterne, welche die Milchstraße bevölkern. Noch hofft man, daß sich die Sonne nahe dem Zentrum der Galaxis befindet. Doch es ist eine trügerische Hoffnung. Beim Studium der räumlichen Verteilung der Kugelsternhaufen (das sind Ansammlungen von etwa 100 000 Sternen) entdeckt der amerikanische Astronom Harlow Shapley, daß diese kugelförmig um die Milchstraße angeordnet sind. Überraschend ist dabei, daß das Zentrum dieser Kugel, des galaktischen Halos, nicht der Sonnenposition entspricht, sondern sich ungefähr 30 000 Lichtjahre entfernt in Richtung des Sternbildes des Schützen befindet. Daraus ergibt sich zwangsläufig die Schlußfolgerung, daß unsere Sonne nicht im Zentrum der Milchstraße steht, sondern in seiner weiteren Umgebung, etwa zwei Drittel des Radius der *galaktischen Scheibe* vom Zentrum entfernt.

Die Sterndichte im Zentrum eines Kugelhaufens ist so groß, daß ein Bewohner dort 10 000 Sonnen anstatt einer einzigen am Himmel sähe.

Mitten in der galaktischen Scheibe befindet sich der „Bulge", eine kugelförmige Ansammlung von einer Milliarde Sternen.

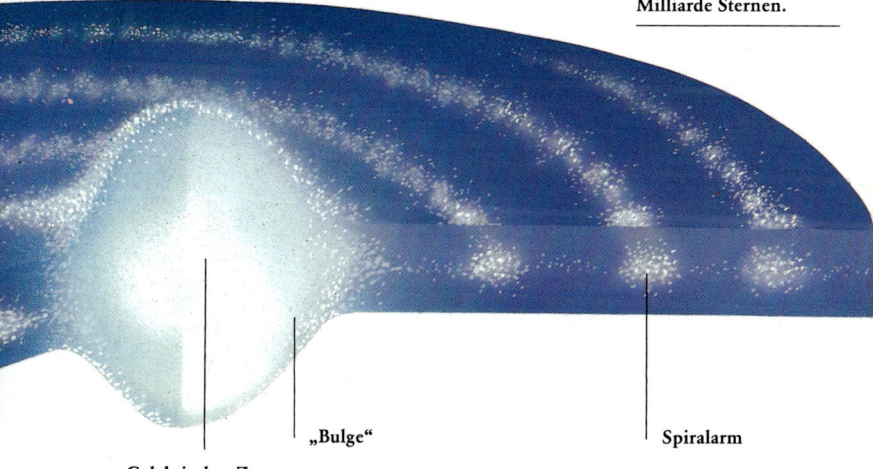

Galaktisches Zentrum

„Bulge"

Spiralarm

30 000 Lichtjahre   45 000 Lichtjahre

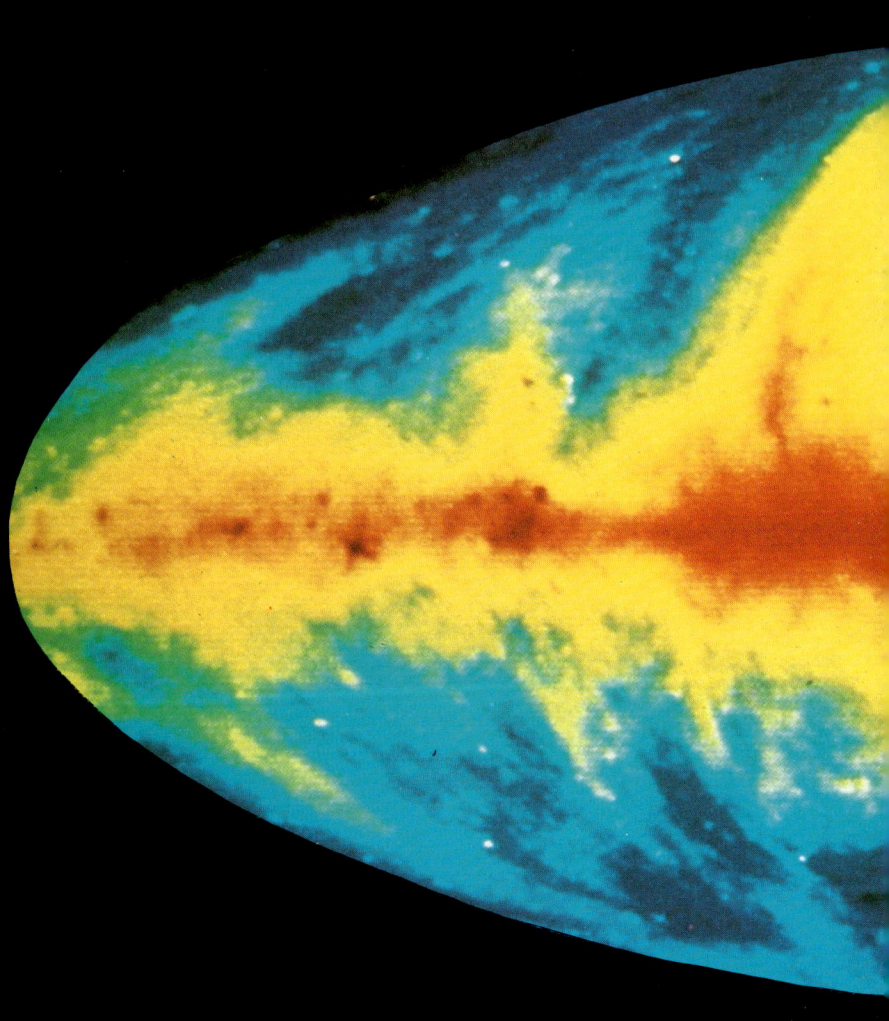

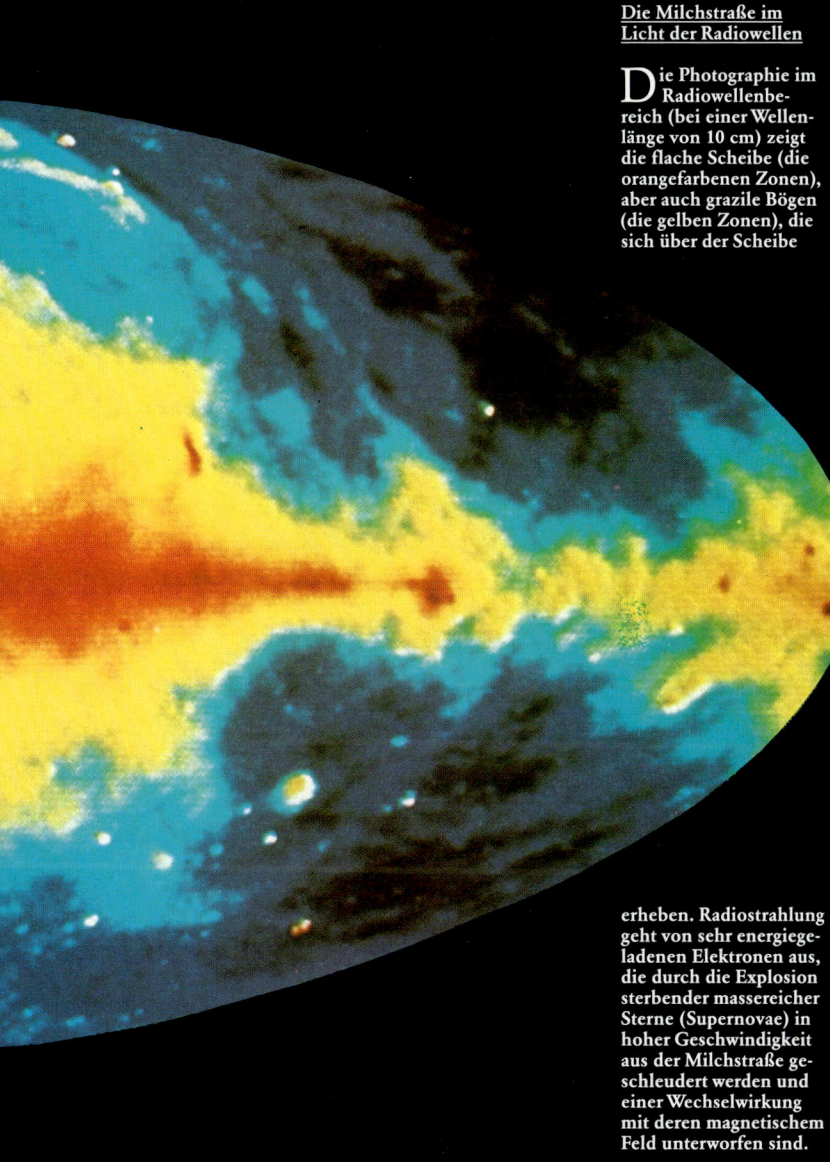

Die Milchstraße im Licht der Radiowellen

Die Photographie im Radiowellenbereich (bei einer Wellenlänge von 10 cm) zeigt die flache Scheibe (die orangefarbenen Zonen), aber auch grazile Bögen (die gelben Zonen), die sich über der Scheibe erheben. Radiostrahlung geht von sehr energiegeladenen Elektronen aus, die durch die Explosion sterbender massereicher Sterne (Supernovae) in hoher Geschwindigkeit aus der Milchstraße geschleudert werden und einer Wechselwirkung mit deren magnetischem Feld unterworfen sind.

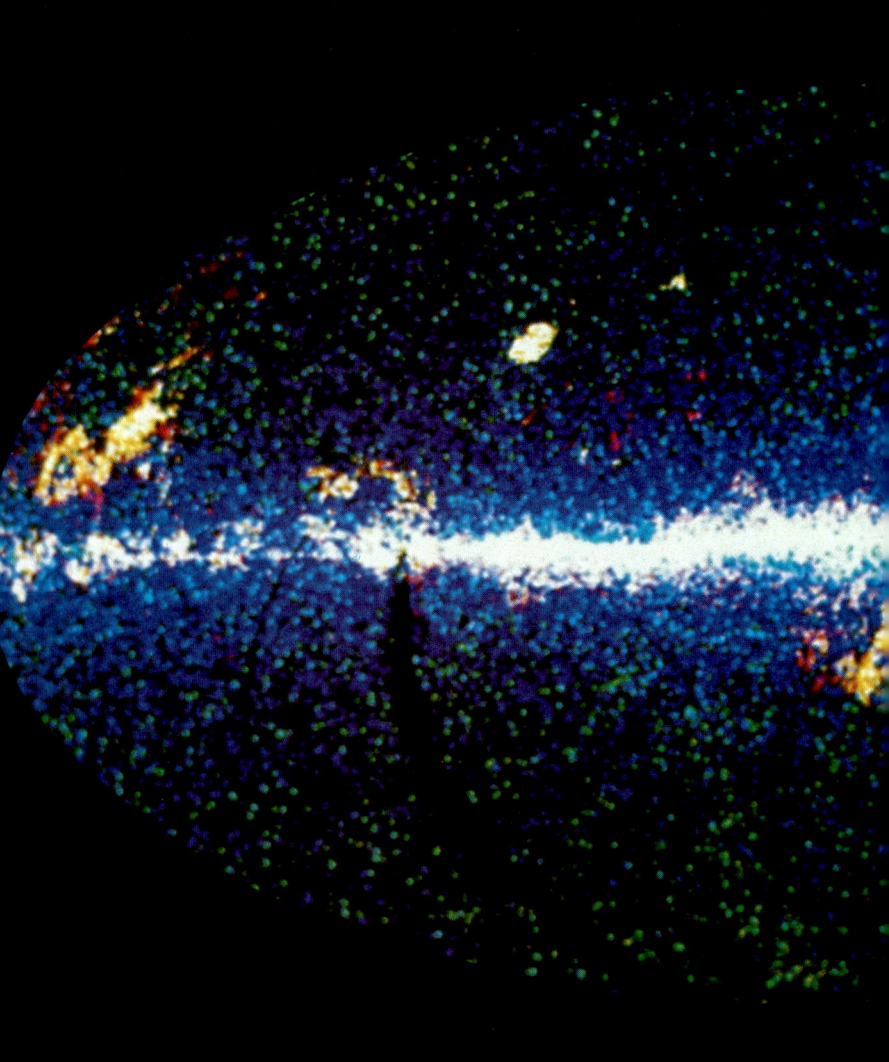

Die Milchstraße im Infrarotlicht

Mit Hilfe des infraroten Lichts, das durch den interstellaren Staub nicht absorbiert wird, kann die galaktische Scheibe im Detail

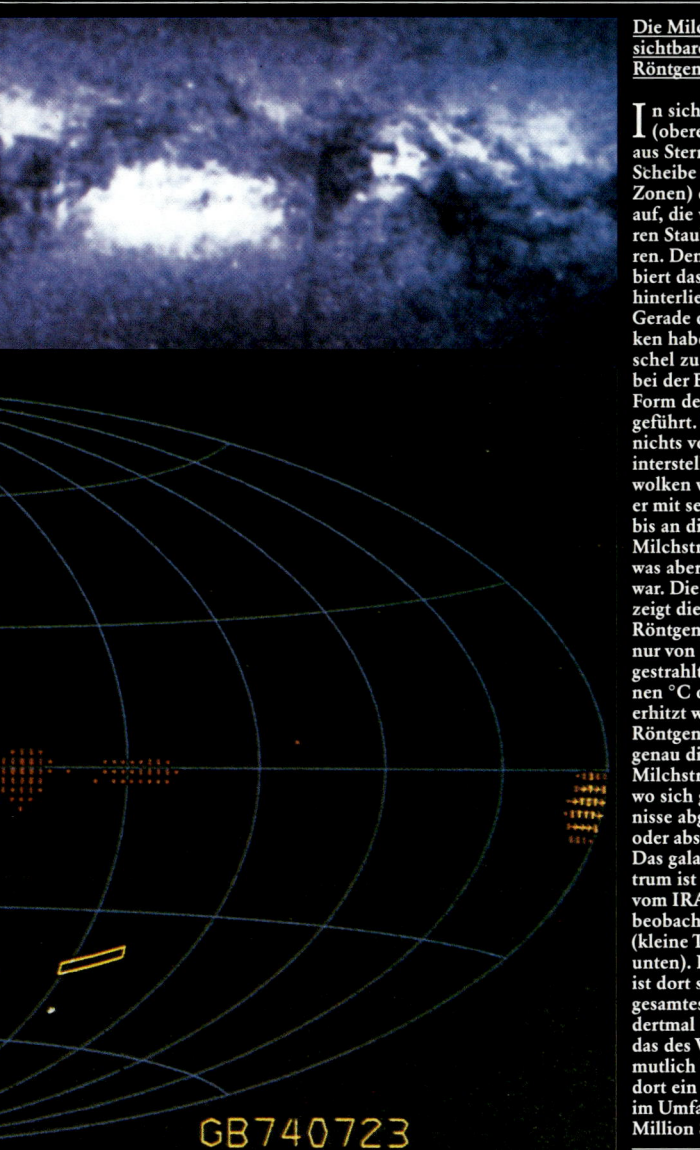

GB740723

In sichtbarem Licht (obere Tafel) weist die aus Sternen bestehende Scheibe (die hellen Zonen) dunkle Flecken auf, die von interstellaren Staubwolken herrühren. Denn Staub absorbiert das Licht der dahinterliegenden Sterne. Gerade diese Staubwolken haben William Herschel zu seinem Fehler bei der Bestimmung der Form der Milchstraße geführt. Da er nämlich nichts von der Existenz interstellarer Staubwolken wußte, glaubte er mit seinem Teleskop bis an die Grenze der Milchstraße zu sehen, was aber nicht der Fall war. Die mittlere Tafel zeigt die Milchstraße im Röntgenlicht. Dies wird nur von Materie ausgestrahlt, die auf Millionen °C oder mehr erhitzt worden ist. Die Röntgenkarte läßt also genau die Stellen in der Milchstraße erkennen, wo sich gewaltige Ereignisse abgespielt haben oder abspielen.

Das galaktische Zentrum ist auch in Infrarot vom IRAS-Satelliten beobachtet worden (kleine Tafel links unten). Die Sterndichte ist dort so groß, daß ihr gesamtes Licht zweihundertmal heller ist als das des Vollmondes. Vermutlich befindet sich dort ein Schwarzes Loch im Umfang von einer Million Sonnenmassen.

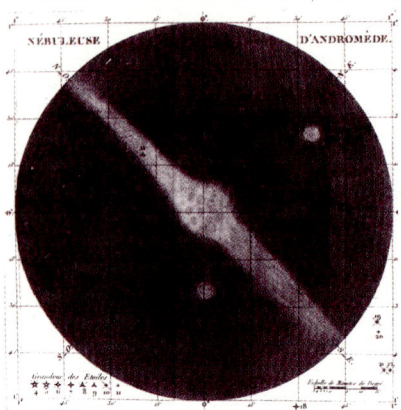

Eine kleine Galaxie

Eine weitere fundamentale Frage ergibt
sich im Zusammenhang mit der Milchstraße: Wenn die Milchstraße Grenzen
hat, hört dann das Universum an diesen Grenzen auf oder erstreckt es sich
noch weiter? Gibt es jenseits der Grenzen der Galaxis noch weitere vergleichbare Systeme? Der deutsche Philosoph
Immanuel Kant äußert schon 1755 die
Hypothese von der Existenz anderer
Welten. Diese „Welteninseln" seien vielleicht jene Nebelflecken, die zu dieser
Zeit gerade entdeckt worden sind.
Doch andere glauben, daß das Universum auf die Milchstraße beschränkt sei
und daß die Nebelflecken lediglich
Bestandteile der Milchstraße seien.
Nach Erde und Sonne ist es jetzt die
Milchstraße, die man im Zentrum des
Universums thronen sieht.
    Die Debatte spitzt sich im Jahre
1923 zu, als der amerikanische Astro-
nom Edwin Hubble – ein ehemaliger
Rechtsanwalt, der seinen Beruf aufgege-
ben hatte, um dem Ruf der Sterne zu
folgen – endlich die Entfernung des

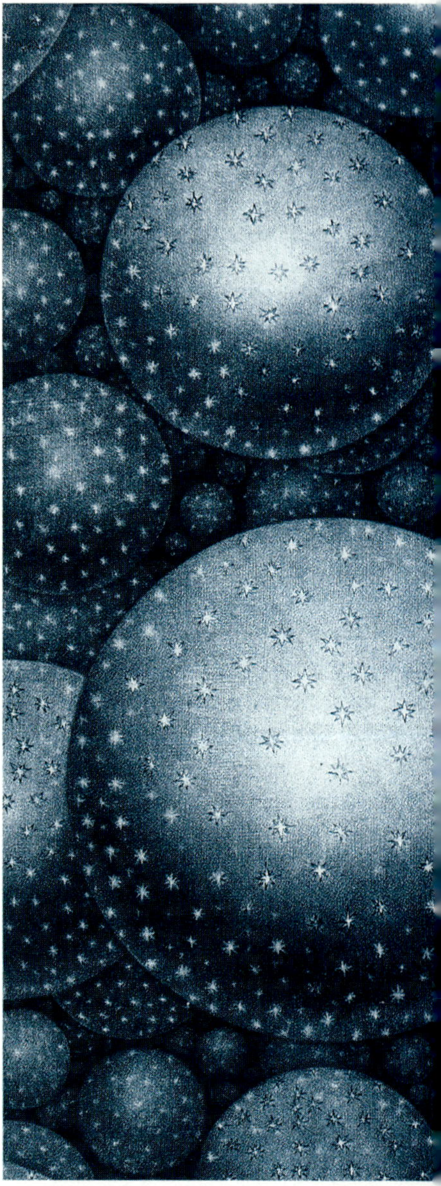

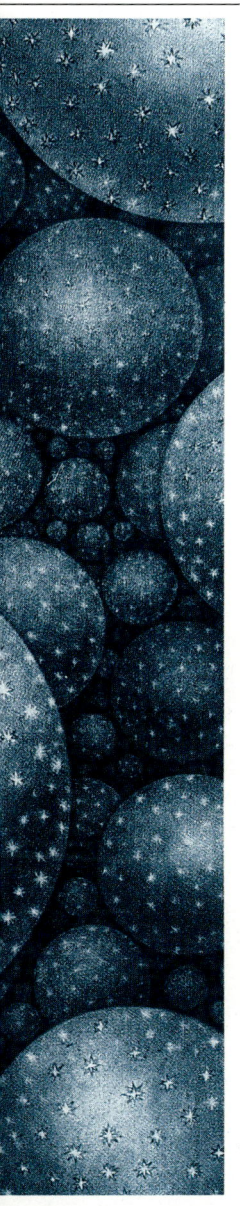

großen Nebelflecks im Sternbild Andromeda mit Hilfe des neukonstruierten 2,5-m-Teleskops auf dem Mount Wilson messen kann. Der Nebelfleck ist 2,3 Millionen Lichtjahre entfernt, also weit jenseits der Milchstraße. Sein Licht hatte seine intergalaktische Reise begonnen, als die ersten Menschen auf der Erde erschienen. Der Andromedanebel ist ein Zwillingsbruder unserer Milchstraße. Das Universum ist plötzlich mit Galaxien ohne Zahl angefüllt: Die Welteninseln Immanuel Kants werden Wirklichkeit. Von nun an wird der Kosmos fortwährend größer, und bald sollte sich unsere Galaxis in der Unermeßlichkeit des Universums verlieren, wie sich schon das Sonnensystem in der Unermeßlichkeit der Milchstraße verloren hatte. Heute ist die Milchstraße nur noch eine unter Milliarden Galaxien.

Der Galaxienzoo: elliptische, spiralförmige und unregelmäßige Galaxien

Die Galaxien sind nicht alle gleich. Drei von zehn Galaxien sind Nebelflecken von elliptischer Form, wodurch sich ihre Bezeichnung *elliptische Galaxien* erklärt.

Sechs von zehn Galaxien, einschließlich unserer Milchstraße und ihrem Begleiter, dem Andromedanebel, haben die Form von flachen Scheiben, die mit spiralförmigen Armen ausgestattet sind. Man bezeichnet sie deshalb als spiralförmige Galaxien.

Charles Messier, der den Himmel in der Hoffnung beobachtete, Kometen zu entdecken, zeichnete dieses Bild des Andromedanebels (außen rechts) für seinen berühmten Nebelkatalog („Catalogue des nébuleuses", 1771), ohne seine wahre Natur zu erahnen. Der Engländer Thomas Wright vermutete in seinem Werk „Eine neue Theorie des Universums"(1750), daß die Nebelflecken am Himmel andere Milchstraßensysteme

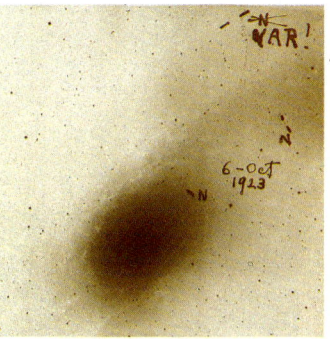

sphärischer Form waren (Mitte). Edwin Hubble lieferte schließlich für diese Vorstellung eine wissenschaftliche Begründung. Er entdeckte 1923 im Andromedanebel (Photo links) einen veränderlichen Stern, einen sogenannten „Cepheiden", der als kosmischer Leuchtturm diente, um die Entfernung von der Erde zum Nebel zu bestimmen.

Es bleiben noch Galaxien ohne regelmäßige Form übrig, die irreguläre Galaxien genannt werden. Eine von zehn gehört zu diesem Typus. Wie erklären sich diese Unterschiede? Man vermutet, daß eine Großzahl von Galaxien zwei oder drei Milliarden Jahre nach der Geburt des

Das sogenannte „Stimmgabel-Diagramm" von Hubble: Auf dem Griff befinden sich die ellipsenförmigen Galaxien, auf den

Universums gleichzeitig entstanden. Die Embryonen von Galaxien sind Wolken aus *Wasserstoff* und *Helium*, also aus chemischen Elementen, die in den ersten drei Minuten des Universums gebildet wurden. Unter der Wirkung ihrer eigenen Schwerkraft zogen sich diese Wolken zusammen, verdichteten sich und zerfielen in jeweils Hunderte von Milliarden Gaskugeln. Kontraktion verdichtete die Materie jeder Gaskugel und erhitzte sie im Innern auf einige zehn Millionen °C, was zu einer Kernverschmelzung von

zwei Armen die spiralförmigen. Am Verbindungspunkt zwischen Gabel und Griff liegt die sogenannte „linsenförmige" Galaxie, die sowohl bestimmte morphologische Eigenschaften der elliptischen Galaxien als auch der spiralförmigen aufweist.

Wasserstoff in Helium führte und Energie freisetzte. Dadurch entzündeten sich die Gaskugeln und wurden Sterne. Das endgültige Schicksal der galaktischen Embryonen hängt von ihrer Leistungsfähigkeit ab, mit der sie gasförmige Materie in Sterne umzuwandeln vermögen.

Der „Sombreronebel" im Sternbild der Jungfrau (oben) ist ein schönes Beispiel für eine linsenförmige Galaxie.

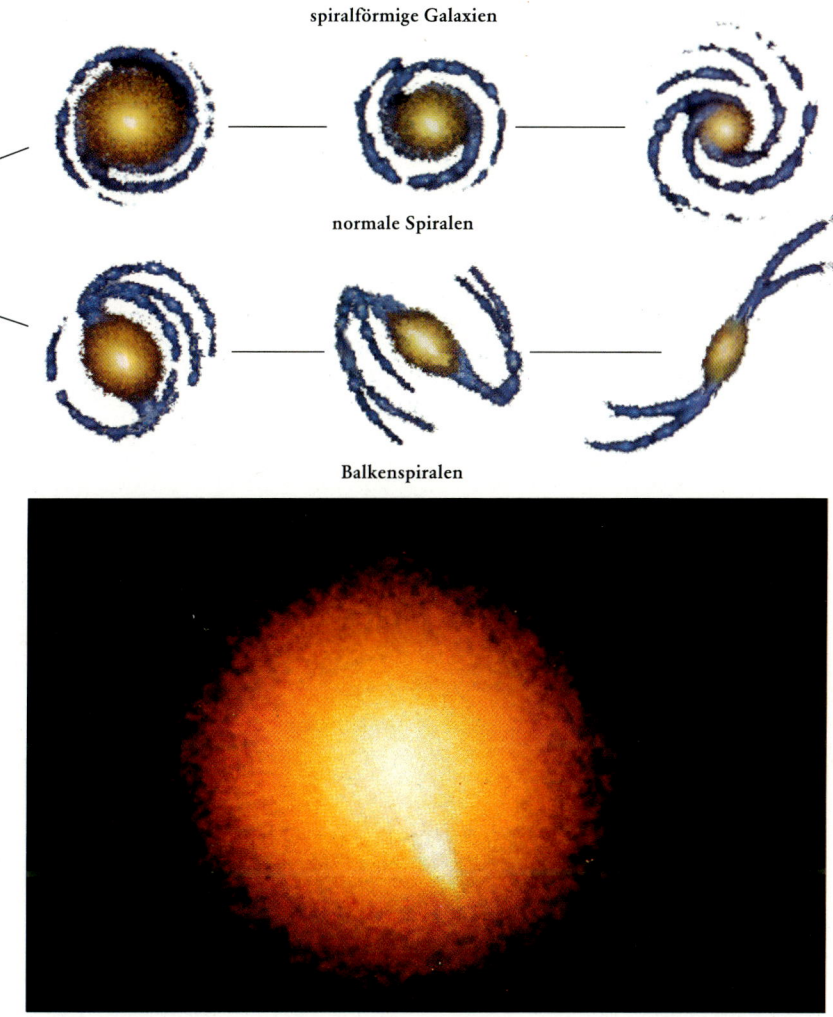

spiralförmige Galaxien

normale Spiralen

Balkenspiralen

Manche von ihnen arbeiten so effektiv, daß in einer Milliarde Jahre fast die gesamte gasförmige Materie in Sterne umgewandelt wird. Aus ihnen haben sich die elliptischen Galaxien entwickelt. Da letzteren die gasförmige Materie fehlt, können sie keine neuen Sterne mehr bilden.

Die Galaxien können sphärisch oder mehr oder weniger flach sein. Sie finden sich vor allem in den Zentren von Galaxienhaufen.

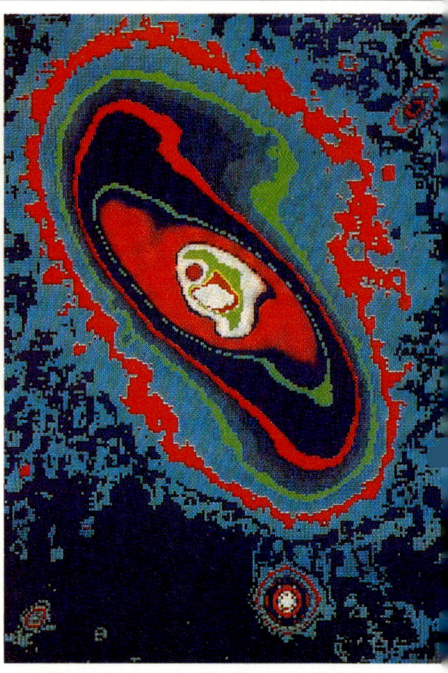

Andere galaktische Embryonen, die weniger leistungsfähig sind, vermögen lediglich neun Zehntel ihrer Gasmasse in Sterne zu verwandeln. Das übrige Gas verflacht sich zu einer dünnen Scheibe, in der die Umwandlung in junge Sterne in einem langsameren Rhythmus und vorzugsweise entlang der Spiralarme erfolgt, die sich früh abzeichnen. Zahlreiche Gebiete mit jungen Sternen markieren die Scheibe und geben den *Spiralgalaxien* ein jugendliches Aussehen.

Andere Embryonen wiederum, die phlegmatischer sind, haben es nicht sehr eilig, ihre Materie in Sterne umzuwandeln. Nach 15 Milliarden Jahren kosmischer Entwicklung besteht noch mehr als ein Fünftel ihrer Masse aus Gas. Dies sind die irregulären Galaxien, die tausendmal weniger massereich sind als die spiralförmigen, in denen aber gegenwärtig extrem viele Sterne neu entstehen.

Kosmische Verkehrsunfälle

Die Galaxien sind eine Mischung aus Ursprünglichem und Erworbenem. Das Ursprüngliche sind die „genetischen" Eigenschaften, die bei der Geburt mitgegeben werden (wie die Form oder die Masse), das Erworbene ist das, was sich aus der Wechselwirkung mit der Umgebung ergibt.

Tatsächlich leben die Galaxien nicht isoliert. Durch die Schwerkraft versammeln sie sich in Galaxiengruppen, die aus einigen Dutzend Galaxien bestehen, oder in

E in elektronischer Detektor setzt das Bild des Himmelsobjektes in Zahlen um. Mit Hilfe leistungsfähiger Rechner kann der Astronom dann das in Zahlenwerte übersetzte Bild bearbeiten, alle Störfaktoren eliminieren und anschließend Bilder in natürlichen Farben erstellen, wie jenes der spiralförmigen Galaxie NGC 2997 (links), deren Zentralgebiet und Spiralarme gut zu erkennen sind.

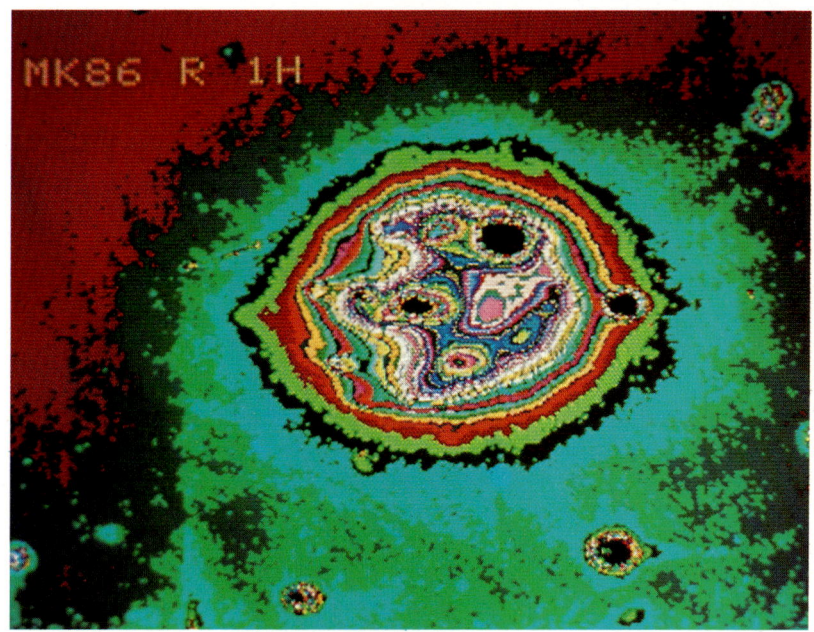

MK86 R 1H

Galaxienhaufen, die einige tausend Mitglieder umfassen. Im Zentrum der Haufen können die „genetischen" Eigenschaften der Galaxien durch galaktische Kollisionen durchgreifend verändert werden. Dabei herrscht im galaktischen Verkehr ein solches Gedränge, daß es häufig zu kosmischen „Unfällen" kommt.

In den meisten Fällen handelt es sich nicht um direkte Kollisionen. Die Schäden beschränken sich in der Regel auf einen Verlust an Sternen, die den Außenbereichen der kollidierenden Galaxien durch heftige Gravitationskräfte entrissen werden. So entsteht ein intergalaktisches Sternenmeer, in dem sich die Galaxien tummeln.

Die Folgen sind dramatischer, wenn es mit voller Wucht zur Kollision kommt. Handelt es sich um zwei spiralförmige Galaxien, die kollidierten, werden ihre Gasscheiben durch die Wucht des Zusammenpralls in den Weltraum geschleudert. Die beiden Galaxien verschmelzen und bilden eine massereichere, leuchtendere Galaxie, die sich in eine elliptische umwandelt, da sie keine gasförmige Materie mehr besitzt.

D ie spiralförmige Galaxie NGC 89 (links) und die unregelmäßige Galaxie MKN 86 werden hier in künstlichen Farben dargestellt. Letztere, die ungefähr 15 000 Lichtjahre im Durchmesser mißt und eine Masse von einer Milliarde Sonnen umfaßt, enthält viel Wasserstoffgas, das sie aktiv in Sterne umwandelt. Die dunkelfarbigen Zonen (die leuchtendsten) entsprechen riesigen Sternentstehungsgebieten: Es sind quasi die Kinderstuben der Sterne.

Ein solches Schicksal erwartet die Milchstraße: Der Andromedanebel wird mit ihr voraussichtlich in 3,7 Milliarden Jahren zusammenstoßen. Das Sonnensystem wird darunter nicht allzu sehr leiden, denn die direkte Kollision der Sonne mit einem Stern der Andromeda ist nicht sehr wahrscheinlich.

Im übrigen wütet in der galaktischen Welt gewissermaßen ein wilder Galaxienkannibalismus. Die größten und massereichsten Galaxien üben Gravitationskräfte aus, welche die kleineren und masseärmeren Galaxien, die nahe vorbeiziehen, in ihren Bewegungen bremsen. Letztere bewegen sich spiralförmig in Richtung der größten Galaxien, die sie schließlich „verschlingen". Da die größeren Galaxien die kleineren gleichsam verzehren, blähen sie sich immer mehr auf.

Um die Kollisionen und den „Kannibalismus" der Galaxien zu untersuchen, bedienen sich Astrophysiker heute der Computersimulation.

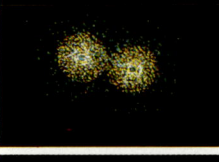
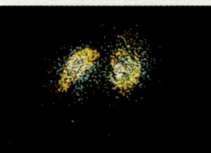
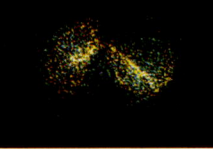
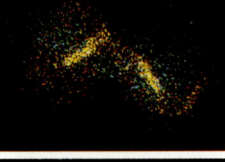
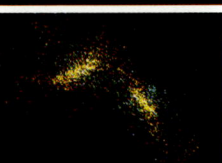

Mit Hilfe von Computern konstruiert man zwei Galaxien, läßt sie kollidieren und ermittelt anschließend, wie das Ergebnis im Abstand von jeweils 200 Millionen Jahren aussieht. Die Folge von fünf Bildern (links) zeigt die Kollision zweier Galaxien im Verlauf von einer Milliarde Jahren: Die Galaxien durchdringen sich wechselseitig, denn zwischen den Sternen ist viel Platz (im Durchschnitt drei Lichtjahre). Da Gravitationskräfte einige Sterne aus den Galaxien hinausschleudern, entstehen lange Schwänze, ähnlich dem Schwanz der Galaxie, die unter dem Namen „die Maus" bekannt ist (unten). Die Zentren der zwei Galaxien, die miteinander kollidieren, sind gut zu erkennen.

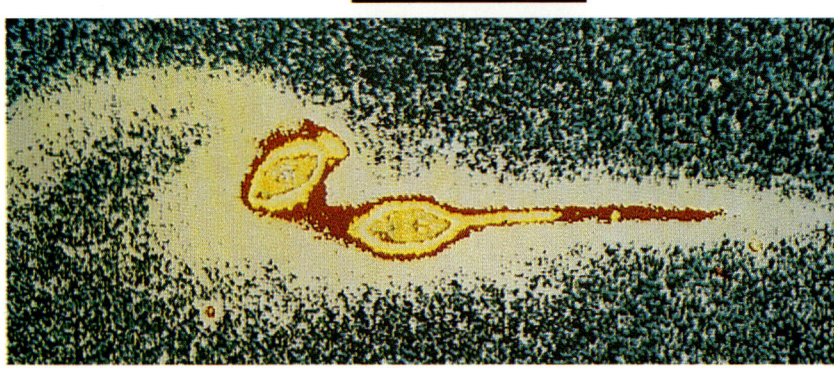

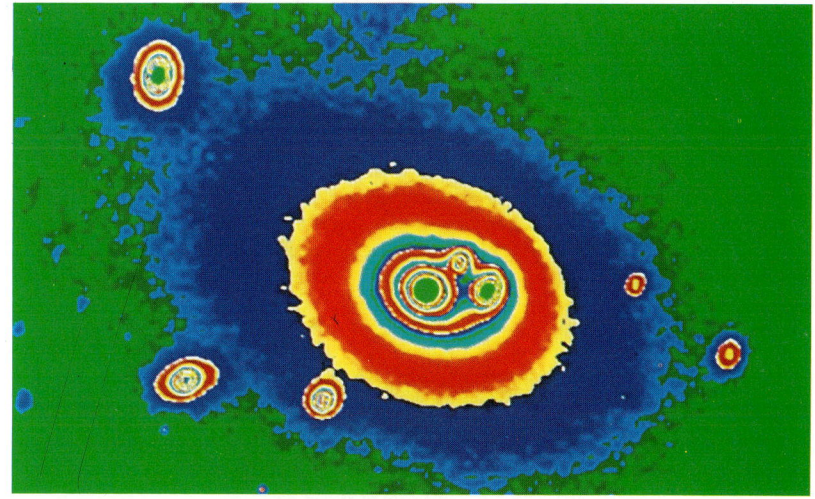

Die phantastische Helligkeit der Quasare

„Die unendlichen Räume, in denen ewige Stille herrscht",
die einst den Philosophen Blaise Pascal erschreckten, sind
in Wirklichkeit mit Lärmen und Toben erfüllt. Unsere
empfindlichen Teleskope, welche die ganze Skala der Strahlung aufzunehmen vermögen, ermöglichen die Entdek-
kung von gigantischen Ereignissen in den Zentren einiger
Galaxien. Die extremste Erscheinung stellen vielleicht
die Quasare dar. Der Name „Quasar" ist eine Kurzform
des englischen Ausdrucks „quasi-star". Das Erscheinungs-
bild der Quasare ist dem eines normalen Sterns in der
Milchstraße täuschend ähnlich. Doch als Astronomen
die Entfernung eines Quasars maßen, waren sie verblüfft:
Er befand sich an den Grenzen des Universums, in einer
Entfernung von 13 Milliarden Lichtjahren.

Aber wie kann ein Quasar am anderen Ende des
Universums noch die scheinbare Helligkeit eines Sterns
haben? Er muß ungeheuer viel Energie erzeugen, seine
wirkliche Helligkeit muß phantastisch sein. Tatsächlich zeigen die Beobachtungen, daß die Helligkeit eines Quasars
mit derjenigen einer Galaxie verglichen werden kann, die
so hell ist wie 100 Milliarden Sonnen zusammen. Noch
erstaunlicher ist, daß diese gewaltige Energie aus einem
Gebiet stammt, das kaum größer ist als das Sonnensystem.

Oben abgebildet ist
eine „kannibali-
sche" elliptische Galaxie
im Galaxienhaufen
Abell 2199. Die Bildver-
arbeitung mit dem Com-
puter enthüllt Einzelhei-
ten des Zentralgebietes
der Galaxie: Die leuch-
tenden kreisförmigen
Zonen sind Galaxien-
reste, welche die kanni-
balische Galaxie nicht
völlig verdaut hat.

Das gefräßige Schwarze Loch

Wie kann eine so große Energie in einem so kleinen Raum erzeugt werden? Niemand kann diese Frage mit Sicherheit beantworten, doch vermuten zahlreiche Astrophysiker, daß die Quasare in Galaxien auftreten, in deren Zentrum ein „Monstrum" versteckt ist. Dieses Monstrum sei ein supermassives, gefräßiges Schwarzes Loch, das die Masse von einer Milliarde Sonnen hat und gierig alle Sterne der es beherbergenden Galaxie verschlingt, die in der Nähe vorbeiziehen. Ein Schwarzes Loch ist ein Gebiet im Raum, in dem die Schwerkraft so groß ist, daß selbst das Licht nicht von ihm entkommen kann, obwohl es sich im Universum

Quasare sind die entferntesten Himmelskörper und die energiereichsten Objekte des Universums (links der Quasar 3C273 in Röntgenlicht). Man nimmt an, daß ihre phantastischen Energien von supermassiven Schwarzen Löchern kommen, welche die Sterne und das Gas der umliegenden Galaxie verschlingen. Sie senden auch große Mengen von Radio-, Infrarot-, sichtbarer, ultravioletter und Gamma-Strahlung aus. Das Bild eines Quasars ähnelt dem eines Sterns, weil seine Helligkeit so stark ist, daß er die ihn umgebende Galaxie überstrahlt. In der Astronomie heißt weit sehen auch in die Frühzeit zu sehen. Die Quasare zeigen uns das Universum in seiner frühesten Jugend. Ihre Existenz sagt uns, daß die Galaxien schon in den ersten zwei Milliarden Jahren nach dem Urknall entstanden sind. Heute sind die meisten Quasare erloschen, weil ihnen wahrscheinlich stern- und gasförmiger Brennstoff fehlte, um das gefräßige Schwarze Loch in ihrem Zentrum weiterhin zu nähren.

mit der größtmöglichen Geschwindigkeit fortbewegt. Da das Loch nicht leuchten kann, ist es schwarz. Die Gravitationskräfte des Schwarzen Lochs strecken die ursprünglich kugelförmigen Sterne zu einer Art Spaghetti-Form und zerreißen sie. Mit voller Geschwindigkeit rast das Gas der zerrissenen Sterne in den offenen Schlund des Schwarzen Lochs. Die geschundene Materie erhitzt sich und strahlt ihre Energie ab, bevor sie den Punkt des Schwarzen Lochs passiert, von dem aus keine Wiederkehr mehr möglich ist und keine Strahlung mehr zu uns dringt. Das Licht des

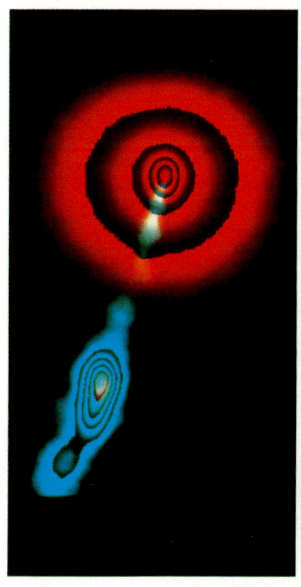 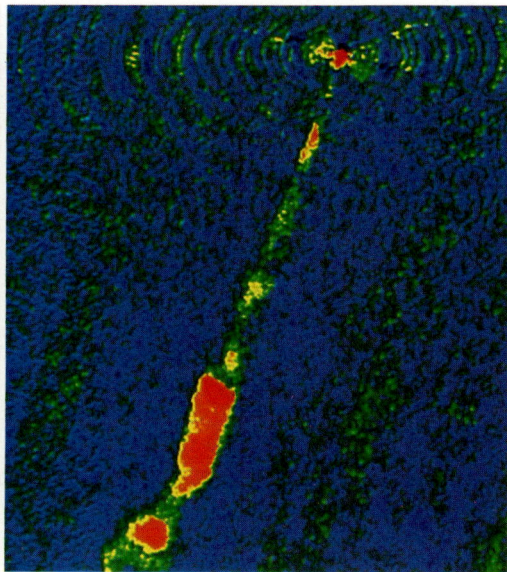

Quasars ist eine Art Schwanengesang der in Stücke zerrissenen Materie, die auf immer verschwindet.

Doch nicht nur die Quasargalaxien beherbergen in ihrem Inneren „kannibalische Monster". Andere Galaxien mit extrem leuchtenden Zentralgebieten, die aktive Galaxienkerne genannt werden, nähren in ihrem Inneren ebenfalls Schwarze Löcher. Da diese zehn- bis hundertmal masseärmer sind als die Löcher in den Quasaren, sind sie weniger gefräßig. Doch können sie ebenfalls die Sterne der sie beherbergenden Galaxie zu Spaghetti-Formen umwandeln, wenn diese das Pech haben, ihnen zu nahe zu kommen. Sie lassen sie dabei intensiv in der ganzen Wellenlängenskala, von den Gamma- und Röntgenstrahlen bis zu den Radiowellen, erstrahlen.

Die Struktur des Universums

Die Galaxien gruppieren sich zu Gemeinschaften. Unsere Milchstraße gehört zu einer lokalen Gruppe, die auch die Andromedagalaxie und ungefähr 15 *Zwerggalaxien* umfaßt, wozu auch die Satelliten der Galaxie, die große und die kleine Magellansche Wolke, gehören. Solche *Galaxien-*

Die beiden Abbildungen zeigen den Kern der elliptischen Riesengalaxie Messier 87, von dem ein leuchtendes Jet seinen Ausgang nimmt, das sich über 6500 Lichtjahre erstreckt. Links ist das Jet in Radiostrahlung, rechts in sichtbarem Licht dargestellt. Die Radiostrahlung des Jets wird von sehr energiereichen Elektronen erzeugt, die im intergalaktischen Magnetfeld gefangen sind. Man vermutet, daß diese Elektronen von einem supermassiven Schwarzen Loch kommen, das eine Masse von einer Milliarde Sonnen enthält und sich im Zentrum von Messier 87 befindet.

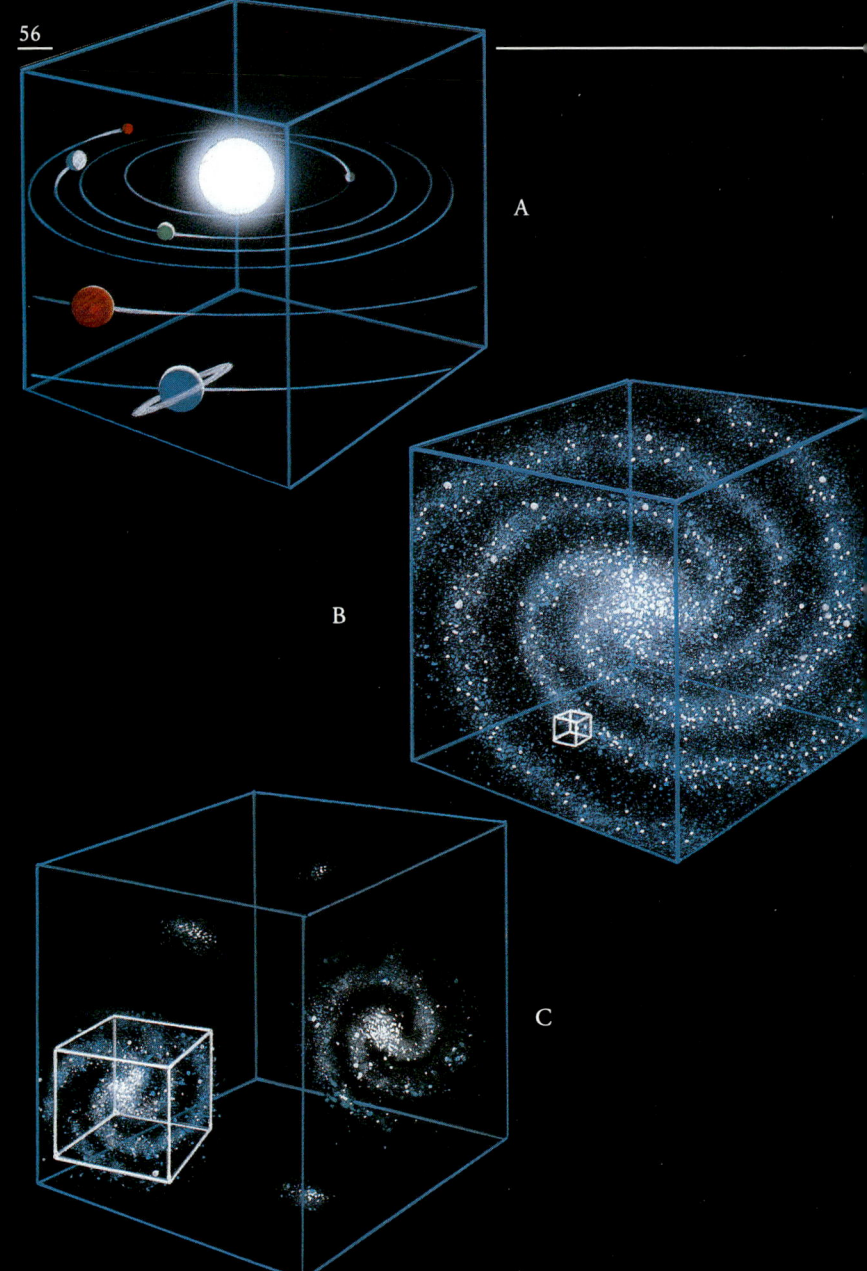

A

B

C

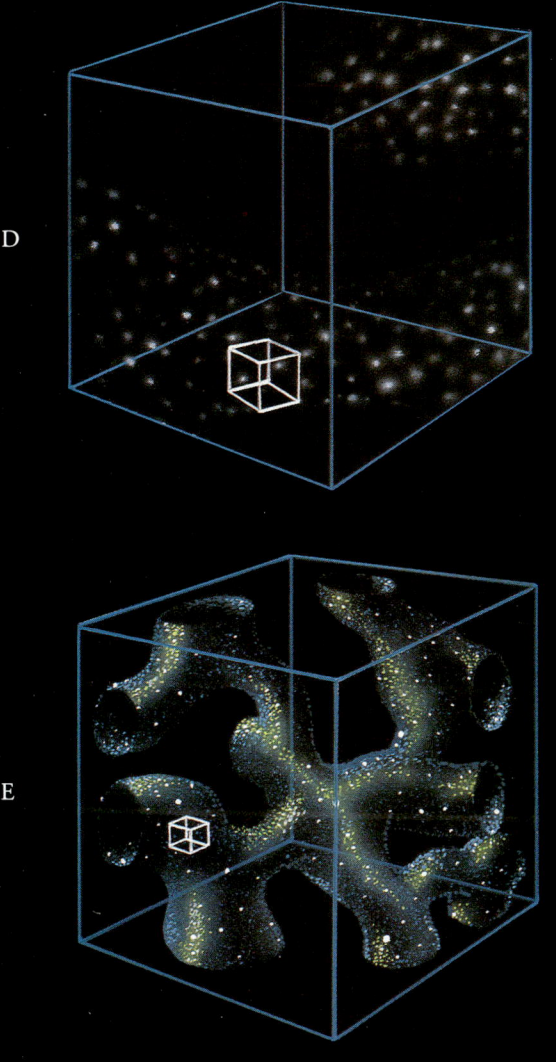

D

E

Die Erkundung der Tiefen des Universums führt uns die Bedeutungslosigkeit des Sonnensystems und das phantastische kosmische Ballett, an dem die Erde teilnimmt, vor Augen. Im Sonnensystem von 10,4 Lichtstunden Durchmesser führt uns zunächst die Erde auf ihrer jährlichen Reise um die Sonne mit 30 km/s durch den Raum (A). Das Sonnensystem zieht mit 230 km/s seine Bahn um das Zentrum der Milchstraße (B). Die Milchstraße bewegt sich mit 90 km/s auf ihren Begleiter, den Andromedanebel zu. Beide gehören zur lokalen Gruppe, die sich über ungefähr zehn Millionen Lichtjahre erstreckt (C). Die lokale Gruppe zieht ihrerseits mit ca. 600 km/s dahin, wobei sie vom Galaxienhaufen in der Jungfrau im lokalen Superhaufen und dem Hydra-Centaurus-Superhaufen angezogen wird, die ungefähr 60 Millionen Lichtjahre überdecken (D). Das Ballett findet hier noch kein Ende. Der Haufen der Jungfrau und der Hydra-Centaurus-Superhaufen bewegen sich selbst auf eine große Agglomeration von Galaxien zu, welche die Astronomen den großen Attraktor getauft haben. Haufen und Superhaufen bilden gigantische Mauern und Fäden von Hunderten von Millionen Lichtjahren Ausdehnung (E).

gruppen erstrecken sich über ungefähr 13 Millionen Lichtjahre und umfassen Tausende von Milliarden Sonnen. Wenn die Galaxien die Häuser des Universums darstellen, so sind die Gruppen die Dörfer. Dann folgen die *Galaxienhaufen* als die Städte, von denen einige Tausend bekannt sind. Sie breiten sich über ungefähr 60 Millionen Lichtjahre aus und enthalten Billiarden Sonnen.

Die Haufen gruppieren sich ihrerseits, um *Superhaufen* zu bilden. Dies sind die Hauptstädte des Universums. Sie erstrecken sich über Hunderte von Millionen Lichtjahre und bergen ungefähr zehn Millionen Milliarden Sonnen. Unsere *lokale Gruppe* ist ihrerseits Teil des lokalen

Superhaufens, der etwa zehn weitere Gruppen und Haufen enthält. Diese Superhaufen bieten eine der erstaunlichsten Konfigurationen: Sie haben einmal die Form von Pfannkuchen, ein andermal die von langen, dünnen Fäden (Filamenten). Die Dicke der pfannkuchenförmigen Superhaufen beträgt etwa 40 Millionen Lichtjahre, das entspricht einem Fünftel ihres Durchmessers. Was die Filamente angeht, so können sie über Entfernungen von Hunderten von Millionen Lichtjahren quer durch den Raum gehen.

Die großen kosmischen Leerräume

Das Erstaunlichste war freilich die Entdeckung der großen Leere im Universum, deren Durchmesser mehrere zehn Millionen Lichtjahre beträgt und in denen sich keine

Das Zentrum des Galaxienhaufens im Sternbild der Jungfrau (links) besteht aus einem Komplex von über 1000 Galaxien, die ungefähr 50 Millionen Lichtjahre von der Erde entfernt sind. Es sind hier alle Typen von Galaxien zu finden: unten rechts eine spiralförmige Galaxie; in Richtung auf das Zentrum zwei ellipsenförmige Riesengalaxien, Messier 84 (teilweise abgeschnitten) und Messier 86. Im Jahre 1933 hat der amerikanischschweizerische Astronom Fritz Zwicky in diesem Haufen das Vorhandensein der dunklen Materie entdeckt: Die Gesamtmasse des Haufens muß zehnmal größer sein als die Summe der Massen der Einzelgalaxien. Da sich diese relativ zum Zentrum des Haufens mit Hunderten von Kilometern pro Sekunde fortbewegen, könnte dieser Haufen tatsächlich in weniger als einer Milliarde Jahre zerfallen. Doch die Gesamtmasse des Haufens verhindert aufgrund der Schwerkraft, daß sich die Galaxien in alle Richtungen zerstreuen. Das heißt, es muß im intergalaktischen Raum neunmal mehr (unsichtbare) Materie geben als in den Galaxien! Die Existenz von dunkler Materie offenbart sich überall, von den kleinsten Zwerggalaxien bis zu den größten Superhaufen.

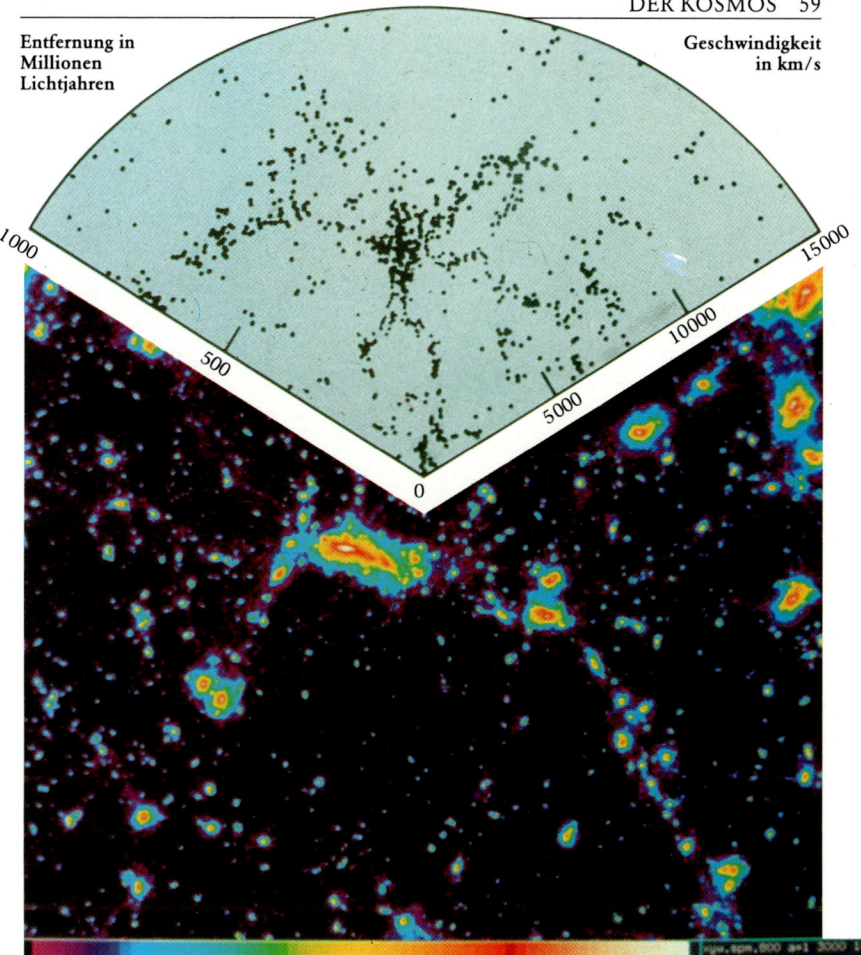

Galaxien befinden. Neun Zehntel des Universums sind einfach leer, denn die in Form von Pfannkuchen und Filamenten verteilten Galaxien nehmen nur das verbleibende Zehntel ein. Diese Leerräume, welche die Form großer, fast kugelförmiger Höhlen haben, sind alle miteinander in Form eines riesigen Netzes verbunden.

So offenbart sich eine Landschaft von außergewöhnlicher Schönheit. Die Galaxien weben einen phantastischen kosmischen Flickenteppich.

Die Vermessung des Weltraums zeigt, daß die Galaxien in langen Fäden angeordnet sind, die die großen Leerräume (ganz oben) umgeben. Diese Anordnung ist in den Computersimulationen des Universums genauso offensichtlich (oben).

DRITTES KAPITEL

DER URKNALL

Im 20. Jahrhundert steht die Interpretation des Universums im Zeichen des Urknalls. Die meisten Kosmologen vertreten heute die Auffassung, daß das Universum vor ungefähr 15 Milliarden Jahren mit einer gigantischen Explosion seinen Anfang nahm. Ausgangspunkt dieser Explosion war ein Zustand von extrem kleinem Volumen, hoher Temperatur und gewaltiger Dichte. In weniger als einem halben Jahrhundert wurde das statische Universum Newtons zu einem dynamischen, das sich ständig ausdehnt.

Der Beginn des Universums läßt sich mit einem riesigen Beschleuniger von Elementarteilchen vergleichen. Teilchen werden gebildet und wieder zerstört, wenn sie mit unglaublich großer Energie aufeinanderprallen. In einem irdischen Beschleuniger lassen sich die Elementarteilchen sichtbar machen, indem sie durch eine mit Flüssigkeit gefüllte Kammer geschickt werden. Ein Teilchen geht mit den Atomen der Flüssigkeit eine Wechselwirkung ein und läßt auf seinem Weg eine Spur kleiner Gasbläschen zurück (daher auch der Name „Blasenkammer"). Links sieht man Bahnen von Teilchen in einer Blasenkammer, die auf ihrem Weg von einem sehr starken Magnetfeld gekrümmt werden.

Die ursprüngliche Theorie vom Urknall

Das Studium relativistischer Weltmodelle führte in den 20er Jahren den russischen Mathematiker Alexander Friedmann und den belgischen Physiker Georges Lemaitre zur Vermutung, daß das Weltall expandiert. 1929 bemerkt der amerikanische Astronom Hubble, daß sich die meisten Galaxien von der Milchstraße entfernen. Diese Fluchtbewegung verläuft geordnet, da ihre Geschwindigkeit proportional zur Entfernung ist: Eine Galaxie, deren Entfernung zweimal so groß ist, bewegt sich zweimal so schnell von uns weg, während sich eine Galaxie, deren Entfernung zehnmal so groß ist, zehnmal so schnell von uns wegbewegt. Diese Bewegung ist übrigens in allen Richtungen dieselbe, da sie bei allen uns umgebenden Galaxien beobachtet werden kann. Die wichtigste Folgerung aus der Proportionalität von Entfernung und Geschwindigkeit liegt darin, daß jede Galaxie die gleiche Zeit benötigt, um von ihrem Ausgangspunkt zu ihrer gegenwärtigen Position zu gelangen. Spulen wir den Film der Ereignisse einmal zurück: Vor ungefähr 15 Milliarden Jahren waren alle Galaxien zum gleichen Zeitpunkt am gleichen Ort vereint. Aus dieser Erkenntnis ergibt sich die Vorstellung von einer großen Explosion, vom „big bang",

dem *Urknall*, der die gegenwärtige Expansion des Universums auslöste.

Durch die Theorie vom Urknall erhält das Universum eine historische Dimension. Es hat nun eine Vergangenheit, eine Gegenwart und eine Zukunft. Es ist nicht mehr ewig, da es einen Ursprung hat. Die Vorstellung von der Erschaffung des Weltalls, die auf Thomas von Aquin im 13. Jahrhundert zurückgeht, wird somit sieben Jahrhunderte später auf unvorhergesehene Weise durch die moderne Wissenschaft erhärtet.

Warum ist der Nachthimmel dunkel?

Da der moderne Mensch ständig von künstlichem Licht umflutet ist, hat er den Bezug zum natürlichen Nachthimmel verloren. Der tiefschwarze Himmel, der mit funkelnden Sternen übersät ist, stellte jedoch in Newtons statischem und unendlichem Universum ein großes Problem dar: Es gab eigentlich gar keinen Grund für einen dunklen Nachthimmel. Wäre das Universum unendlich und von zahllosen Sternen und Galaxien erfüllt, dann würde das Auge, wohin es auch blickte, stets eine Lichtquelle sehen. Die Nacht wäre folglich so hell wie der Tag. Trotzdem ist sie schwarz. Das Geheimnis blieb ungelöst, bis die Theorie des Urknalls entwickelt wurde. Durch sie ergab sich eine ganz natürliche Erklärung: Die Nacht ist schwarz, weil es nicht genug Licht von Sternen und Galaxien gibt, um sie vollständig zu erhellen. Zum einen hatte das Universum einen Anfang, und die Anzahl der Sterne und der Galaxien, deren Licht die

Die Fragen, die sich der moderne Kosmologe stellt (oben Hubble am Schmidt-Spiegelteleskop auf dem Mount Palomar), sind den Fragen, die den heiligen Thomas von Aquin (linke Seite, zwischen Aristoteles und Plato) beschäftigten, erstaunlicherweise ähnlich: Gibt es einen Anfang von Raum und Zeit?

Zeit hatte – 15 Milliarden Jahre – bis zu uns zu kommen,
war beschränkt. Zum anderen ist die Anzahl der Sterne
begrenzt, da sie nicht ewig bestehen. Sie leuchten
einige Millionen, möglicherweise sogar einige
Milliarden Jahre, dann aber erlöschen sie.

In einem Raum, der sich ausdehnt, bewegen sich die Galaxien auseinander.

Wenn sich alle Galaxien von uns entfernen,
liegt dann die Milchstraße im Mittelpunkt des
Universums? Im Grunde ist es so, daß die
hypothetischen Bewohner irgendeiner Galaxie
die Beobachtung machen würden, daß sich
alle anderen Galaxien von ihnen wegbewegen.
Der Mittelpunkt ist überall und nirgends.
   Um zu verstehen, wie das Universum
diese Expansion überhaupt bewerkstelligte,
muß man sich folgendes vorstellen: Man bläst einen der
Luftballons, auf den Papiersternchen aufgeklebt sind, auf.
Die Oberfläche des Ballons vergrößert sich, und gleichzeitig entfernen sich alle Sterne voneinander. In der gleichen

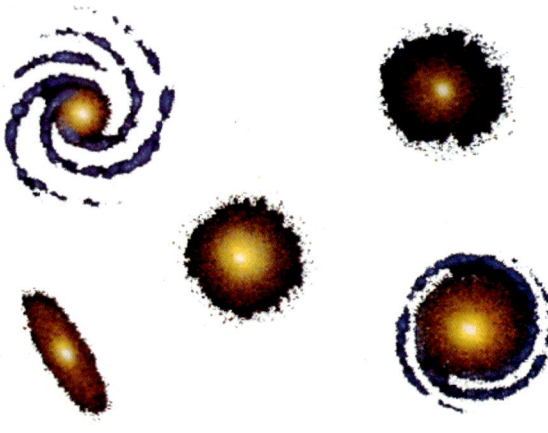

Weise, wie die Papiersternchen auf der Oberfläche des
Ballons fest angebracht sind, stehen auch die Galaxien
unbeweglich im Weltraum. Ebenso ist es beim Weltraum,
der sich ausdehnt. Genauso wie die Fluchtgeschwindigkeit
der Galaxien proportional zu ihrer Entfernung zunimmt,

Wird die Ausdeh-
nung des Univer-
sums (oben illustriert
durch die Oberfläche
eines Luftballons, der
aufgeblasen wird, und
nebenstehend von links
nach rechts durch das
zunehmende Auseinan-
derdriften der Galaxien)
unbegrenzt weiterge-
hen? Wird diese Flucht-
bewegung eines Tages
zum Stillstand kommen,
die Gravitation schließ-
lich die Oberhand
über die anfängliche
Expansion gewinnen,
so daß sich die Gala-
xien einander nähern,
bis zu dem Augenblick,
in dem sie in einer
gewaltigen Explosion
aus Licht und Energie,
in einem umgekehrten
„Urknall", in einem „Ur-
gedränge" („big crunch")
zerstört werden?

sehen die Papiersternchen ihre Artgenossen sich um so schneller wegbewegen, je weiter sie entfernt sind.

Der Raum, der im Universum Newtons noch statisch war, wird durch die Urknall-Theorie dynamisch.

Im Universum bewegen sich nicht die Galaxien in einem unbeweglichen Weltraum, sondern – im Gegenteil – ein sich ausdehnender Weltraum führt die ruhenden Galaxien mit sich. Im gleichen Maße, wie die Zeit fortschreitet, vergrößert sich das Volumen des Weltalls. Nach 15 Milliarden Jahren hat sich die Entfernung zwischen zwei beliebigen Galaxien um das Tausendfache vergrößert. Die Galaxien bewegen sich nicht nur von der Milchstraße weg, sondern sie entfernen sich alle voneinander.

Ein ewiges Universum und eine fortwährende Schöpfung

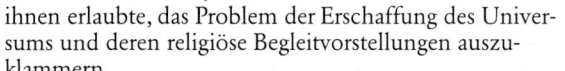

Aber genügt die Entdeckung der Expansion des Universums, um die Urknall-Theorie zwingend zu begründen? Mit Sicherheit nicht, denn die Astrophysiker halten gern an Altem fest. In den 50er Jahren schlug die Diskussion zwischen den Anhängern der Urknall-Theorie und den Anhängern der Steady-State-Theorie des unveränderlichen Zustands des Universums hohe Wellen. Letztere verwarfen die zum Urknall gehörenden Vorstellungen von Erschaffung, Entwicklung und Veränderung. Ihnen zufolge ist das Universum stationär, d.h. es bietet zu allen Zeiten den gleichen Anblick. Die aristotelische Theorie von der Unveränderlichkeit des Himmels kam wieder auf! Manche Kosmologen favorisierten diese Theorie, die es ihnen erlaubte, das Problem der Erschaffung des Universums und deren religiöse Begleitvorstellungen auszuklammern.

Wie aber konnte man die Vorstellung von einem zeitlich unveränderten Universum mit der Expansion des Universums vereinbaren? Wenn sich die Galaxien ständig voneinander entfernen und immer mehr leerer Raum zwischen ihnen entsteht, kann das Universum nicht unverändert

Ein Weg, um die Zukunft des Universums vorauszusehen, ist die Bestimmung seiner Dichte. Enthält es durchschnittlich weniger als drei Wasserstoffatome pro Kubikmeter, so wird es für alle Zeiten expandieren. Enthält es mehr als drei Wasserstoffatome pro Kubikmeter, so wird es eines Tages in sich zusammenstürzen. Die Materiemenge zu bestimmen ist jedoch sehr schwierig, da es eine große Menge nichtleuchtender, also unsichtbarer Materie gibt. Die sichtbare Materie in den Sternen und in den Galaxien stellt aber nur ein Hundertstel der Dichte dar, die erforderlich ist, um der

Expansion des Universums Einhalt zu gebieten. Die Astronomen haben in den Galaxien und den Galaxienhaufen zehnmal mehr unsichtbare als sichtbare Materie festgestellt. Dies ergibt eine Dichte, die einem Zehntel der kritischen Dichte entspricht ... und somit nicht ausreicht, um die Expansion aufzuhalten.

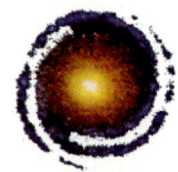

bleiben. Andernfalls muß eine fortwährende Neubildung von Materie angenommen werden, welche die Leere ausgleicht, die durch die Expansion des Universums entsteht.

Die Neubildung von Materie zur Versorgung des Universums ist, prozentual gesehen, sehr gering: Es würde genügen, alle Milliarden Jahre jedem Raumvolumen von einem Liter ein Wasserstoffatom hinzuzufügen. Dieser Anteil ist so winzig klein, daß er nicht beobachtet werden kann. Dadurch, daß die Anhänger der Theorie des stationären Zustandes die Annahme einer großen Schöpfung umgehen wollten, mußten sie zu der Vorstellung einer unendlichen Reihe von kleinen Schöpfungen Zuflucht nehmen.

Die „Asche" des Urfeuers

Der Geologe sucht in den Tiefen der Erdkruste nach Erkenntnissen, der Anthropologe im tiefsten Inneren von Afrika nach Knochen frühzeitlicher Menschen, mit deren Hilfe er die Geschichte der Menschheit zurückverfolgen kann. Genauso läßt der Astronom seinen forschenden Blick mit seinen „Zeitmaschinen", den großen Teleskopen, durch das Universum schweifen, denn die Ausbreitung des Lichtes erfolgt nicht unmittelbar; in große Weiten zu sehen bedeutet, in die Vergangenheit zu blicken – auf der Suche nach den Fossilien des Kosmos, die es den Astronomen ermöglichen, die Geschichte des Weltalls nachzuzeichnen.

Die Entdeckung einer Urstrahlung, der Hintergrundstrahlung, die das gesamte Universum erfüllt und aus dessen Anfangszeit stammt, als es kaum 300 000 Jahre alt war, überzeugte die Mehrheit der Wissenschaftler von der Theorie des Urknalls und ließ alle rivalisierenden Theorien als unhaltbar erscheinen. Schon 1946 hatte der amerika-

Damit die mittlere Dichte der Galaxien im Weltraum, der durch die Expansion des Universums immer größer wird, unverändert bleibt, postulierten die britischen Astronomen Hermann Bondi, Thomas Gold und Fred Hoyle als Verfechter der Theorie vom stationären Zustand des Universums, daß es eine Neubildung von Galaxien gäbe. Dadurch verändert sich die mittlere Entfernung der Galaxien nicht (dieses Prinzip ist in der Abbildung unten dargestellt). Bei der Theorie vom Urknall wird diese Leere nicht durch das Entstehen neuer Galaxien ausgeglichen. Sie wird in zunehmendem Maße größer werden (zumindest in einem Universum, das für alle Ewigkeit expandiert).

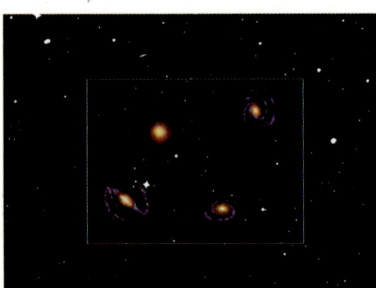

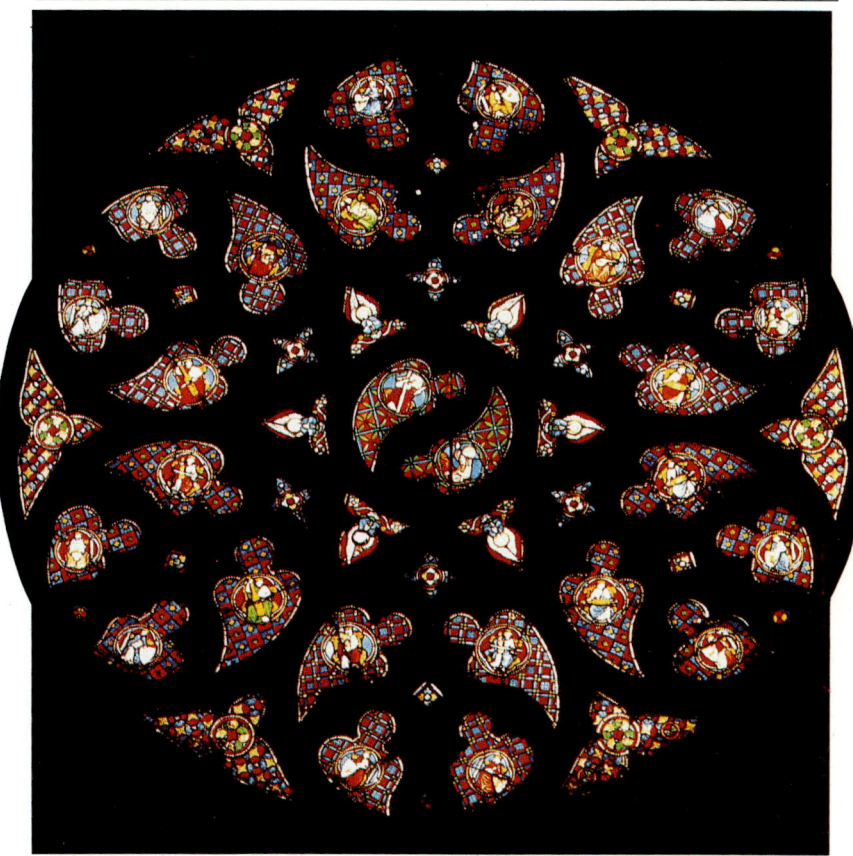

nisch-russische Physiker George Gamow das Vorhandensein der Hintergrundstrahlung vorausgeahnt. Er folgerte, daß ein expandierendes Universum in dem Maße, wie die Zeit vergeht, sich verdünnt und abkühlt. Das Universum mußte also in der Vergangenheit viel heißer und viel dichter gewesen sein. Als das Universum noch jünger war, mußte im übrigen das Kräfteverhältnis zwischen den zwei Komponenten des Universums, der Materie – den Atomen und den Menschen, den Sternen und den Galaxien – und dem Licht genau umgekehrt gewesen sein. Alle Materie ist Energie, lehrt uns Albert Einstein. Die Materie beherrscht das gegenwärtige Universum

Dieses Kirchenfenster, das die Kathedrale Saint-Bonaventure in Lyon schmückt, illustriert die Theorie vom Urknall auf großartige Weise. Es gibt kein Zentrum, die einzelnen Teile scheinen voneinander weg zu fliehen, genauso wie die Galaxien, die sich durch die Expansion des Universums voneinander entfernen.

mit ihrer Energie, die ungefähr 3000mal stärker ist als diejenige des Lichtes. In den ersten Augenblicken des Universums, die sich von der ersten Sekunde bis zu 300 000 Jahre nach dem Urknall erstrecken, herrschte das Licht. Gamow zufolge erreicht uns dieses Licht, das zu Beginn intensiv und voller Energie war, heute noch immer. Als das Universum 300 000 Jahre alt war, lag seine Temperatur bei 10 000 °C. Heute hat sich die das Universum erfüllende Strahlung beträchtlich abgekühlt.

Zusammen mit seinen amerikanischen Kollegen Ralph Alpher und Robert Hermann war George Gamow (links) der erste, der von einem hitzeerfüllten frühen Weltall, einer Hintergrundstrahlung sprach. Diese Strahlung kann heute nur noch mit einem Radioteleskop nachgewiesen werden. Arno Penzias und Robert Wilson entdeckten durch Zufall eine Strahlung von −270 °C, von der sie zunächst glaubten, sie sei durch ein im Teleskop nistendes Taubenpaar verursacht worden.

Diese Abkühlung, ein Verlust an Energie, ist auf die Arbeit zurückzuführen, die das Licht während 15 Milliarden Jahren leisten mußte, um die Milchstraße zu erreichen, die durch die Expansion des Universums vom Ort der Schöpfung fortgetragen worden war. Die Hintergrundstrahlung, die sich ständig weiter abkühlt, hat heute nur noch eine Temperatur von − 270 °C.

Ein Kaminfeuer läßt Asche zurück. Die Hintergrundstrahlung ist die „Asche" des Urfeuers. Während der nachfolgenden 20 Jahre macht sich niemand die Mühe,

diese Spuren der Schöpfung zu untersuchen. Die Physiker, die den religiösen Konsequenzen der Urknall-Theorie ablehnend gegenüberstehen, vergessen bald Gamows Weissagung. Erst 1965 wird die Hintergrundstrahlung zufällig von zwei amerikanischen Radioastronomen, Arno Penzias und Robert Wilson, entdeckt, die in den Laboratorien der Telephongesellschaft Bell beschäftigt sind.

Die Urstrahlung kann nicht ausschließlich vom Erdboden aus beobachtet werden, denn die Erdatmosphäre absorbiert einen Teil von ihr. Der Satellit COBE (Cosmic Background Explorer) ist 1989 von der NASA auf eine Umlaufbahn gebracht worden, um die Hintergrundstrahlung beobachten zu können. Die Ergebnisse von COBE können nur unter der Voraussetzung richtig gedeutet werden, daß das Universum zu Beginn äußerst komprimiert, heiß und dicht war. COBE hat ebenso die Aufgabe, die „Samenkörner" der Galaxien zu erforschen, die durch Temperaturschwankungen der Hintergrundstrahlung in Erscheinung treten müßten. Zunächst konnten solche Schwankungen nicht festgestellt werden. Daraufhin hatte man voreilig das Ende der Urknall-Theorie vorausgesagt. Wenn auch die Beobachtungen von COBE einige Theorien der Bildung der Galaxien in Frage stellen, so gefährden sie doch nicht die Vorstellung vom Urknall.

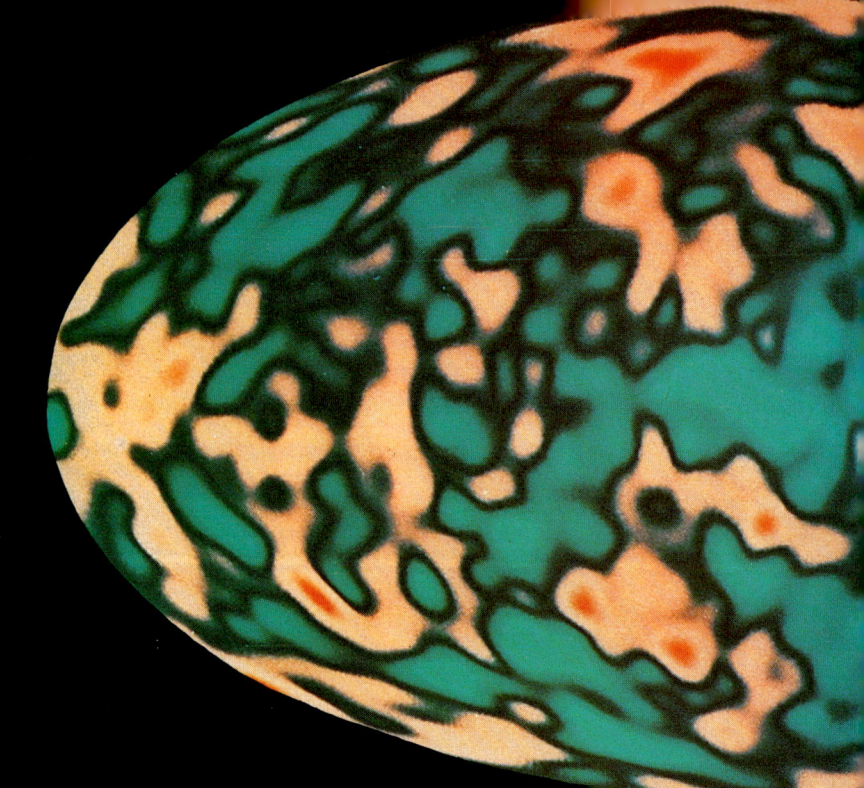

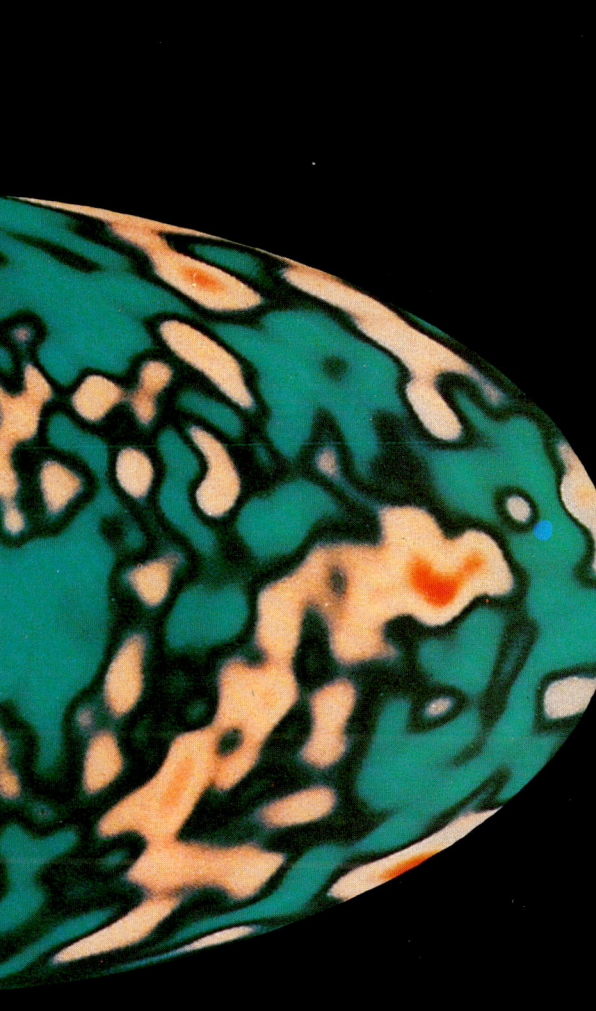

„Samenkörner" von Galaxien

Der Satellit COBE hat ebenfalls „Samenkörner" von Galaxien entdeckt, die durch kleinste Temperaturschwankungen (in der Größenordnung von einem dreißigmillionstel °C) der Hintergrundstrahlung in Erscheinung treten. Er zeichnet ein Bild vom Universum, wie es 300 000 Jahre nach seiner Entstehung beschaffen war. Eines der größten Probleme der heutigen Astrophysik ist die Frage, wie die „Samenkörner" der Galaxien aufgingen und dann ein oder zwei Milliarden Jahre nach dem Urknall (dem Alter der ältesten Galaxien) den wunderbaren kosmischen Teppich entstehen ließen. Nebenstehende Abbildung zeigt eine Himmelskarte, wie sie von COBE in der Mikrowellenstrahlung gesehen wird. Die blauen Flächen liegen ein wenig unter der Durchschnittstemperatur und entsprechen den Flächen, in denen die Materie etwas dichter ist. Das Licht verliert Energie, um die von der dichteren Materie ausgeübte Schwerkraft zu überwinden, was in einer Abkühlung zum Ausdruck kommt. Demgegenüber liegen die rötlichen und orangefarbenen Flächen etwas über der Durchschnittstemperatur und stimmen mit den Bereichen überein, in denen die Materie ein wenig dünner ist.

D ieses kinetische Kunstwerk von Franck Malina ahmt die gewaltige Explosion nach, aus der das Universum entstand. Letzteres beginnt mit einer rapiden Expansion: Im Bruchteil einer Sekunde (10^{-35} bis 10^{-32} Sekunden) entwickelt sich das wahrnehmbare Universum von einer Größe, die unendlich kleiner ist als ein Atomkern, zur Größe einer Orange.

Sie arbeiten mit einem äußerst empfindlichen Radioteleskop, um die Signale von Telstar, dem ersten Kommunikationssatelliten, empfangen zu können, und vernehmen die „Musik der Schöpfung", die Spuren der Strahlung, die einst das Universum erfüllte.

Aus der Vakuumenergie entsteht die Materie des Universums.

Unser Bild beginnt mit einem winzigen Bruchteil einer Sekunde nach der Urexplosion, genau nach 10^{-43} Sekunden ($0,0\ldots1$; der Zahl 1 gehen 43 Nullen voraus). Was ist zuvor geschehen? Niemand weiß es. Das Universum hat eine Temperatur von 10^{32} °C und ist heißer als alle Höllen, die Dante sich vorstellen konnte. Es ist gänzlich in einer Kugel von einem tausendstel Zentimeter Durchmesser enthalten, der Größe einer Stecknadelspitze. In ihm herrscht Leere. Es ist nicht die ruhige und stille Leere, die bar jeder Substanz und Aktivität ist, wie wir uns dies allgemein vorstellen, sondern eine lebendige Leere, die mit aller Energie, die sie von der Urexplosion erhielt, brodelt: der Vakuumenergie.

Die kosmische Uhr schlägt die 10^{-32}ste Sekunde. Das Universum nimmt infolge seiner Ausdehnung an Dichte und Wärme ab. Die ersten *Elementarteilchen* treten in Erscheinung. Ein Gemenge aus *Quarks* (den „Bausteinen" der Materie), *Elektronen* (den „Samenkörnern" der Elektrizität) und *Neutrinos* (neutrale Teilchen ohne oder von winzig kleiner Masse) taucht aus der Leere auf und wird einem Meer von *Photonen* (den „Saatkörnern" des

Quark

Antiquark

Quark

Antiquark

Positron

Elektron

Neutrino

Antineutrino

Photon

Richtung der Teilchen

Lichtes) beigemischt. Zur gleichen Zeit wie die Materie hält die *Antimaterie* ihren Einzug. Diese besteht aus *Antiteilchen*, welche dieselben Eigenschaften aufweisen wie die Materieteilchen, deren elektrische Ladung aber das entgegengesetzte Vorzeichen hat. Da das Universum elektrisch neutral ist, bedarf es der Gegenwart von Antimaterie, um die Ladungsverhältnisse in der Materie auszu gleichen. Zwischen der Materie und dem Licht besteht eine permanente Wechselwirkung. Teilchen und Antiteilchen verschmelzen und werden dabei zu Strahlung. Die Photonen selbst wandeln sich ihrerseits zu Paaren aus Teilchen und Antiteilchen um. Materie, Antimaterie und Licht entstehen und verschwinden in einem Teufelskreis von Leben und Tod.

Hätte es genauso viele Teilchen wie Antiteilchen gegeben, dann wäre bereits hier unsere Geschichte zu Ende. Die Materie hätte sich durch die Antimaterie aufgehoben, und es bliebe nur ein von Licht erfülltes Universum. Die Natur gab der Materie ein wenig den Vorzug. So entstand für jede Milliarde Antiteilchen, die aus der Leere auftauchen, eine Milliarde und ein Teilchen. Bei jeder Milliarde von Teilchen und Antiteilchen, die sich in zwei Milliarden Photonen verwandeln, überlebte ein Materieteilchen.

Das Universum wird von vier grundlegenden Kräften beherrscht. Die Gravitationskraft hält die Planeten in einer Umlaufbahn um die Sonne und die Sterne in den Galaxien. Durch die elektromagnetische Wechselwirkung können sich Moleküle zu langen DNA-Ketten verbinden. Zwei Kernkräfte schließlich beherrschen die Welt der Atome: Die schwache Kernkraft bewirkt, daß die Materie zerfällt; die starke Nuklearkraft verbindet Protonen mit Neutronen und läßt Atomkerne entstehen.

Hand in Hand mit der Abkühlung und Verdünnung des Universums geht die Entstehung immer komplexerer Strukturen.

Der Anstoß ist erfolgt, als die kosmische Uhr eine millionstel Sekunde (10^{-6}) schlägt. Das Universum ist jetzt fast genauso groß wie das Sonnensystem und hat noch immer eine Höllentemperatur von 10 000 Milliarden °C. Zunächst verbinden sich die Quarks zu Dreiergruppen und bilden *Protonen* und *Neutronen*. Das Bindemittel, das sie zusammenhält, ist die starke Kernkraft. Ungefähr drei Minuten später wird diese erneut wirksam, um Protonen und Neutronen zu vereinen sowie Kerne von Wasserstoff (ein Proton) und Helium (zwei Protonen und zwei Neutronen) zu bilden. Als das Universum an diesem Punkt angelangt ist, gelingt es ihm nicht mehr, komplexere atomare Strukturen auszubilden: Die Heliumkerne haben keine Gelegenheit mehr aufeinanderzutreffen und sich miteinander zu verbinden, um *schwere Elemente* entstehen zu lassen.

Das Universum, das von einem Gemisch aus Wasserstoff- und Heliumkernen, von Elektronen, Photonen und Neutrinos erfüllt ist, dehnt sich immer weiter aus.

Die Quarks sind die elementarsten Teilchen der Materie. Ihren Namen verdanken sie dem Satz „drei Quarks für Mister Mark" in „Finnegan's Wake" von James Joyce. Wie für Mister Mark sind drei Quarks nötig, um Protonen (zwei rote Quarks und ein orangefarbener Quark) und Neutronen (zwei orangefarbene Quarks und ein rotes Quark) bilden zu können (siehe linke Darstellung). Protonen verbinden sich ihrerseits mit Neutronen und führen zur Entstehung von Heliumkernen (siehe untenstehende Darstellung).

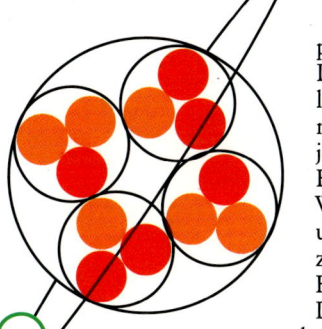

Es kühlt auf eine Temperatur von 10 000 °C ab. Die *elektromagnetische Kraft* läßt eine Materie aus Atomen entstehen, indem sich jedes Proton mit einem Elektron verbindet, um ein Wasserstoffatom zu bilden, und jeder Heliumkern mit zwei Elektronen, um ein Heliumatom zu bilden.

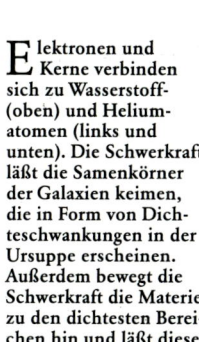

Die an die Atome gebundenen Elektronen verhindern nicht mehr die freie Bewegung der Photonen. Das bis dahin undurchsichtige Universum wird transparent. Die Photonen, die in diesem Stadium entstehen, bilden die Hintergrundstrahlung des Universums.

Da das Universum über Wasserstoff- und Heliumatome verfügt, kommt es aus der Sackgasse heraus, in die es durch das Scheitern des Heliums, komplexere Strukturen aufzubauen, geraten ist.

Mit Hilfe der Schwerkraft entstehen in der eisigen Wüste des Weltraums „Hitzeoasen". Diese Oasen heißen Galaxien. Die in den Galaxien enthaltene Materie, die durch die Schwerkraft gebunden ist, nimmt an der universellen Expansionsbewegung nicht mehr teil. So entgeht sie der Abkühlung und der Verdünnung, die beide eine Entwicklung der Materie zu komplexeren Strukturen verhindern.

Diese Hitzeoasen weisen jedoch einen erheblichen Mangel auf: Sie haben eine zu geringe Dichte. Eine Galaxie enthält durchschnittlich nur ein Wasserstoffatom pro Kubikzentimeter; dies entspricht einer Dichte, die Millionen milliardenmal geringer ist als die Luft, die wir einatmen. Dichtere Bereiche sind vonnöten, um das Aufeinandertreffen von Atomen zu begünstigen. Innerhalb der Galaxien erscheinen nun die Sterne.

Elektronen und Kerne verbinden sich zu Wasserstoff- (oben) und Heliumatomen (links und unten). Die Schwerkraft läßt die Samenkörner der Galaxien keimen, die in Form von Dichteschwankungen in der Ursuppe erscheinen. Außerdem bewegt die Schwerkraft die Materie zu den dichtesten Bereichen hin und läßt diese in sich zusammenstürzen, um die Entstehung von Galaxien in die Wege zu leiten.

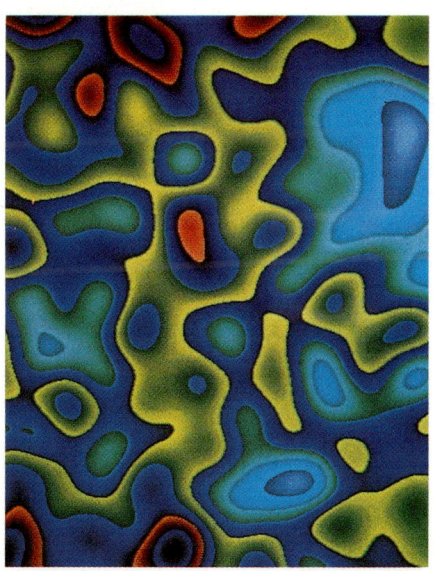

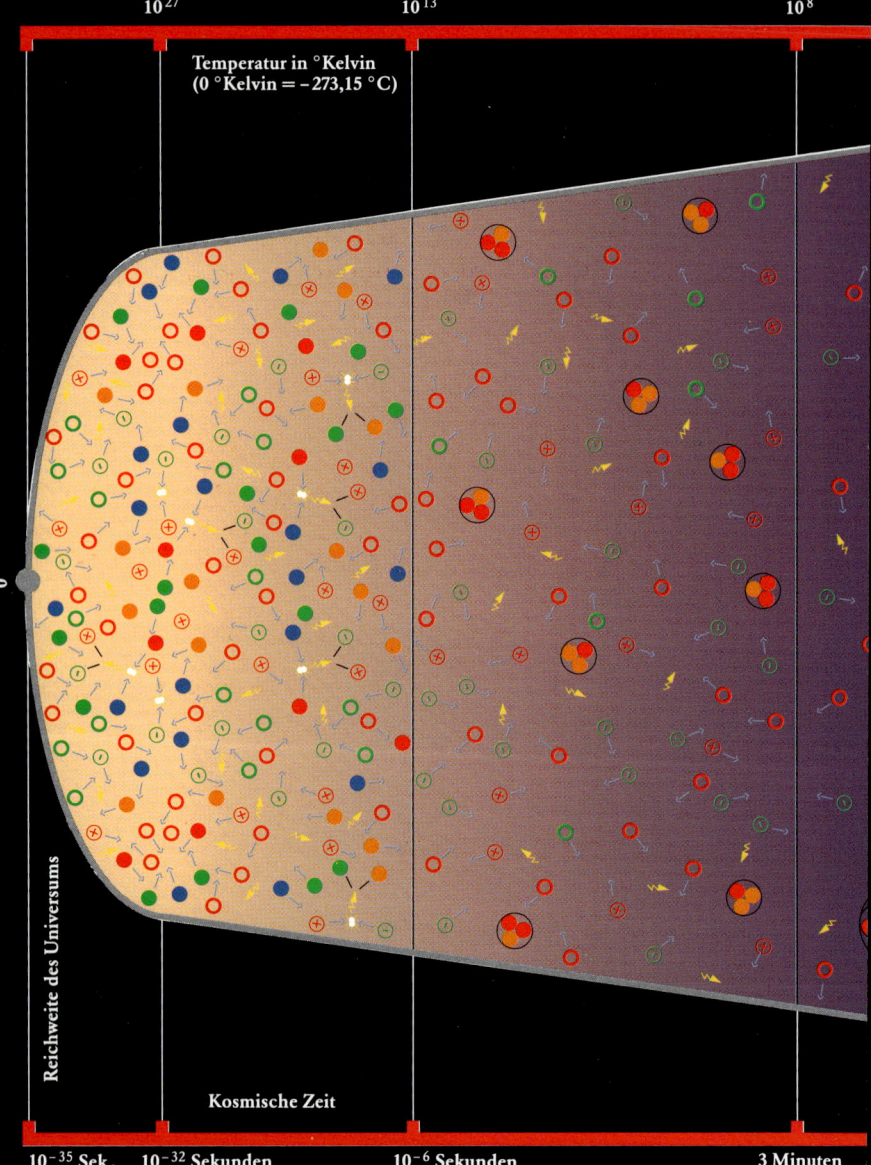

Temperatur in °Kelvin
(0 °Kelvin = – 273,15 °C)

Reichweite des Universums

Kosmische Zeit

10^4 　　　　 10^2 　　　　 3

Vom Urknall zu den Galaxien

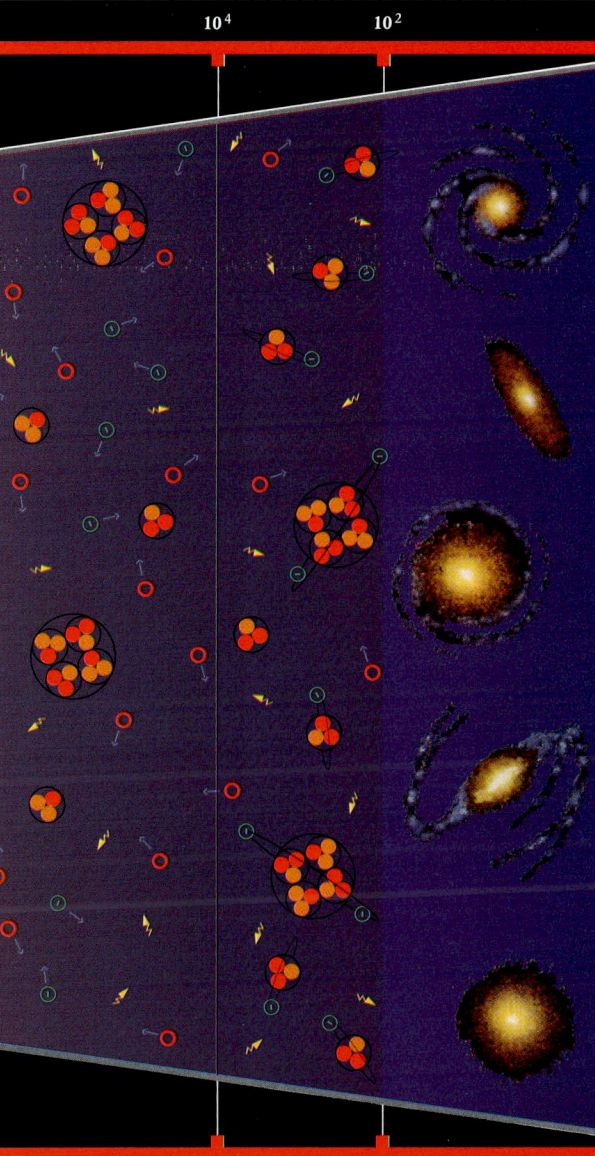

Die Astrophysiker können mit Hilfe der neuesten Erkenntnisse der Elementarteilchenphysik die Geschichte des Universums bis 10^{-43} Sekunden nach dem Urknall aufzeichnen. Das heutige Wissen der Physik erlaubt es aber nicht, Vermutungen über einen früheren Zeitpunkt anzustellen. Am Ende der „inflationären" Periode entsteht aus der Vakuumenergie ein Gemisch aus Quarks, Elektronen, Neutrinos, Photonen und deren Antiteilchen. Die Entstehung von Neutronen und Protonen nach 10^{-6} Sekunden bestimmt die chemische Zusammensetzung des Universums. Mit dem Auftreten der Wasserstoff- und Heliumkerne in der dritten Minute gelangen 98 % der Masse des Universums in ihre vorläufige Form (75 % Wasserstoff, 23 % Helium). Nach 300 000 Jahren gehen aus der Verbindung der Elektronen mit den Wasserstoff- und Heliumkernen die Wasserstoff- und Heliumatome hervor. Von nun an verfügt das Universum über das Rohmaterial zur Bildung von Galaxien und Sternen.

300 000 Jahre 　　　 1 Mrd. Jahre 　　　 15 Mrd. Jahre

VIERTES KAPITEL

STERNENSCHICKSALE

Wie das Universum haben auch die Sterne ihre aristotelische Unveränderlichkeit verloren. Sie entstehen, leben und sterben. Ihre Geschichte betrifft uns in höchstem Maße, denn sie mündet in die unsrige.

Im Angesicht des Universums sind wir nichts als Sternenstaub.

Das Sternentstehungsgebiet IC 1283-4 (im Sternbild des Schützen) beherbergt Hunderte von jungen Sternen, die den Gasnebel durch ihre starke ultraviolette Strahlung zum Leuchten anregen und ihm somit ein rötliches Aussehen verleihen (links). Der Überrest der Supernova, die 1572 von Tycho Brahe beobachtet wurde, sendet eine starke Radiostrahlung aus (rechts). Die Strahlung entsteht durch Elektronen, die durch die Explosion beschleunigt wurden.

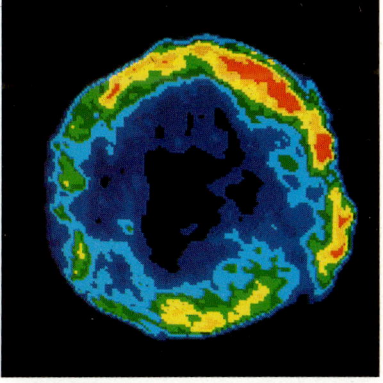

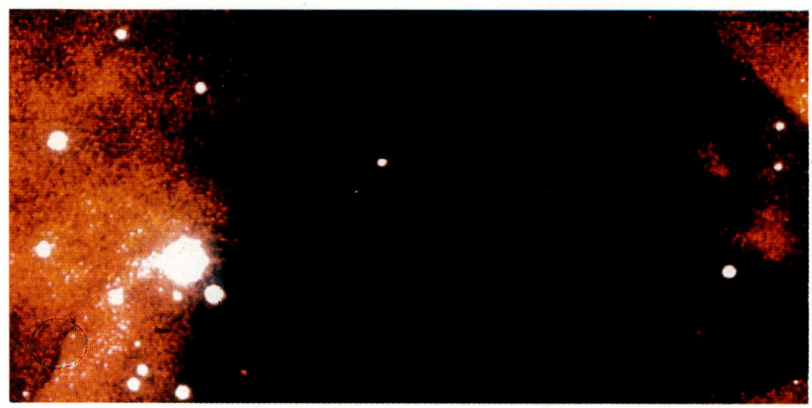

Die Sterne beginnen zu leuchten.

Die Geburt der ersten Sterne läßt sich auf die zweite Jahrmilliarde nach der Entstehung des Universums ansetzen. Jeder Galaxienembryo fällt durch die Einwirkung der Schwerkraft in sich zusammen und zerfällt in Hunderte von Milliarden Gaswolken aus Wasserstoff und Helium. Diese kleinen Wolken, die der Schwerkraft unterworfen sind, stürzen ihrerseits in sich zusammen. Die Dichte in ihrem Inneren erhöht sich dabei in zunehmendem Maße und übersteigt bald die Dichte des Wassers um das 160fache. Dabei steigt die Temperatur im Inneren und erreicht einige zehn Millionen °C. Die Wasserstoff- und Heliumatome, die in den ersten Minuten des Universums entstanden sind und sich im Inneren dieser Gaskugeln befinden, prallen heftig aufeinander und setzen dabei Elektronen, Wasserstoffkerne (oder Protonen) und Heliumkerne frei.

Diese Umgebung erinnert uns an das Universum in seiner dritten Minute. Die große Hitze und die große Dichte erlauben es der Natur, erneut ihrem Lieblingsspiel, dem der Verschmelzungen, nachzugehen: Die Protonen gehen Viererbindungen ein, um Heliumkerne zu bilden. Diese Verbindungen setzen Energie frei, die in Form von Strahlung sichtbar wird. Die Sterne strahlen, weil sie einen Teil ihrer Protonenmasse in Energie umsetzen. Vergleicht man die Masse von vier freien Protonen mit der eines Heliumkerns, also mit dem Ergebnis ihrer Verbindung, so stellt man fest, daß die Masse des Heliums nicht gleich groß,

Wie kann man bis ins Zentrum der Sternentstehungsgebiete vordringen, um die Geburt der Sterne direkt mitzuerleben? Das von den jungen Sternen ausgestrahlte sichtbare Licht wird von dem sie umgebenden Gas und Staub absorbiert. Das Zentrum des Sternentstehungsgebietes NGC 2024 (im Sternbild des Orion), hier in sichtbarem Licht aufgenommen, ist nur ein dunkles Gebiet am Himmel, das keine Sterne erkennen läßt. Die Sterne sind ausschließlich an der Peripherie des Gebietes zu erkennen, wo das Licht nicht mehr durch Staubkörner blockiert wird.

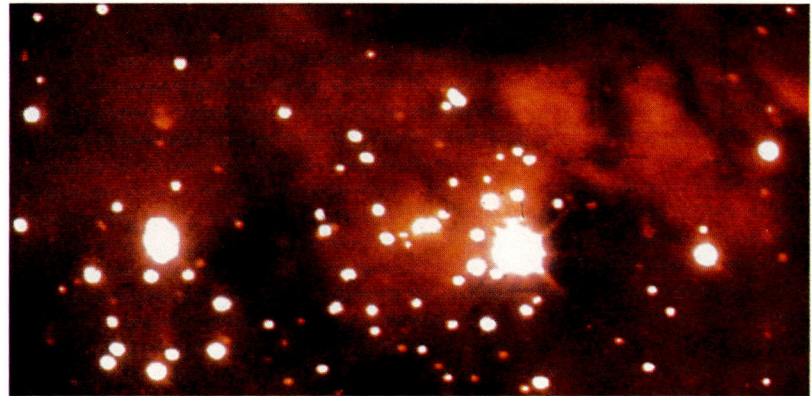

sondern geringer ist als die der vier Protonen. Die fehlende Masse wurde in Energie verwandelt, und genau diese Energie läßt die Gaskugeln leuchten und Sterne aus ihnen werden. Der Galaxienembryo wandelt sich zu einem gigantischen Sternenhort.

Das Zusammenstürzen der Gaskugeln wird durch die Freisetzung von Energie aufgehalten. Es stellt sich ein Gleichgewicht ein zwischen dem Strahlungsdruck, der die Sterne aufblähen, und dem Zug der Schwerkraft, der sie in sich zusammenstürzen läßt.

In den 80er Jahren wird es durch die Entdeckung der Infrarotdetektoren möglich, das Geheimnis um die Geburt der Sterne teilweise zu lüften. Infrarotstrahlung wird nicht von den Staubkörnern absorbiert. In dem Sternentstehungsgebiet NGC 2024 (oben), das hier im Infrarotlicht sichtbar ist, wimmelt es von Hunderten von Sternenembryonen, die gewaltige Energiemengen abstrahlen.

Der Trifidnebel (siehe nebenstehende Abbildung im Infrarotlicht) wird durch Hunderte junger Sterne, die sich in seinem Inneren verbergen, zum Leuchten angeregt. Staubbänder durchziehen das Sternentstehungsgebiet und geben ihm seine typische geteilte Struktur.

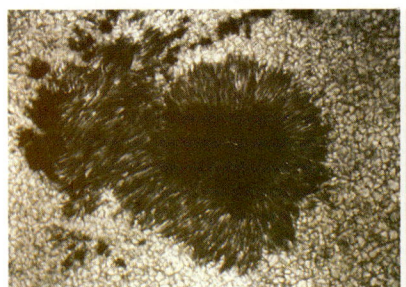

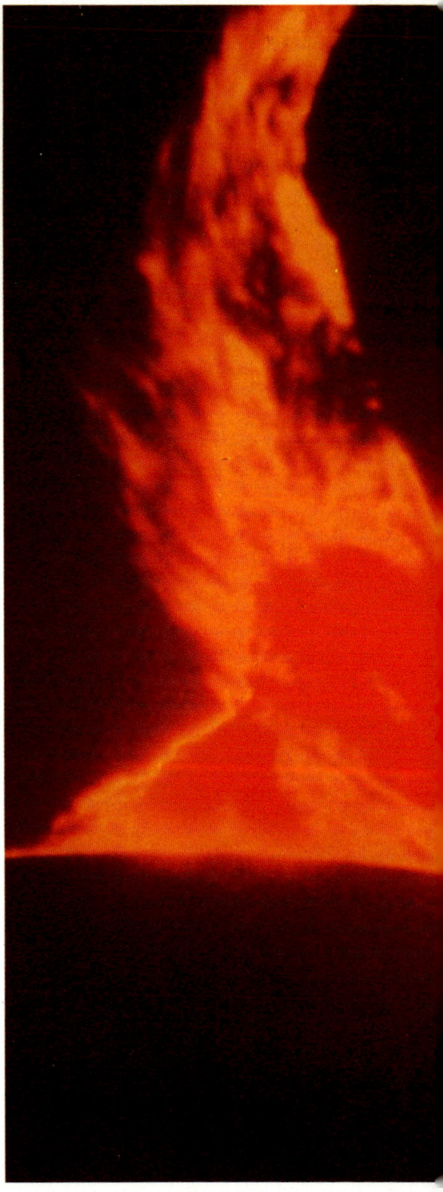

Ein Porträt des Sterns „Sonne"

Vor 4,6 Milliarden Jahren entsteht die
Sonne aus dem Kollaps eines Gas-
nebels in der Milchstraße, der möglicherweise durch die Explosion eines
nahen Sterns, einer Supernova, verursacht wurde. Nachdem sie das
Sternentstehungsgebiet verlassen hat,
erzeugt sie Energie und verteilt ihre
Strahlung großzügig auf die neun
Planeten, die sie umkreisen. Einem
von ihnen hat sie es ermöglicht,
Leben entstehen zu lassen und es zu
erhalten: dem blauen Planeten Erde.

Nähern wir uns der Sonne. Unseren Augen bietet sich das Schauspiel
einer in Bewegung befindlichen gas-
förmigen Oberfläche, die mit Feuern
bedeckt ist und durch die Hitze aus
dem Inneren auf ungefähr 6000 °C
aufgeheizt wird. Sie besteht aus
Tausenden riesiger Gaszellen mit
einem Durchmesser von jeweils Tausenden von Kilometern. Diese Zellen,
die auch als „Granulen" bezeichnet
werden, entstehen und verschwinden
im Rhythmus von jeweils einigen
Minuten. Hier und da zeigt die Landschaft auf der Sonne dunkle Gebiete,
die von Galilei entdeckten Sonnenflecken. Diese sind dunkler, da sie um
ungefähr 2000 °C kühler sind als die

sie umgebende Sonnenoberfläche; sie können eine Ausdehnung von Tausenden von Kilometern erreichen und größer als ein ganzer Planet sein. Die Oberfläche der Sonne ist ein Ort gewaltiger Aktivität, und in den Sonnenflecken toben sich die „Stimmungen" der Sonne aus. Von Zeit zu Zeit flammt der ganze Fleck auf. Feuerzungen schießen empor, und Materiewirbel werden in den Weltraum geschleudert. Einige werden durch das Magnetfeld aufgehalten und fallen auf die Oberfläche zurück, wobei sie eindrucksvolle Lichtbögen bilden. Diese Feuerblitze schleudern eine Materieflut aus Protonen und Elektronen in den Weltraum, die zusammen mit dem Sonnenwind, der aus der Verdampfung der oberen Sonnenschichten entsteht, ins All strömt.

Die Anzahl der Sonnenflecken (ganz links) nimmt in einem Zyklus von elf Jahren periodisch zu und wieder ab. Die Astrophysiker sind der Meinung, daß dieses Phänomen mit einem periodischen Aufbau des Magnetfeldes im Inneren der Sonne zusammenhängt, die wie ein Riesenmagnet mit magnetischem Nord- und Südpol wirkt. Diese Pole wechseln alle 22 Jahre die Position (der Nordpol wird zum Südpol und umgekehrt), was zweimal der Dauer eines Sonnenfleckenzyklus entspricht. Durch die Wirkung des Sonnenwindes entwickeln die Kometen, massereiche Schneebälle mit steinigem Inneren, die von Zeit zu Zeit den innersten Teil des Sonnensystems durchqueren, ihre charakteristischen Schweife (im Bild unten der Komet West). Ihre Form resultiert aus der Wechselwirkung zwischen den gefrorenen Substanzen, die durch die Hitze der Sonne verdunsten, und dem Wind aus geladenen Teilchen. Wenn die Sonne besonders aktiv ist, wird der Sonnenwind zum Sturm (Mitte) und stört die Funkverbindungen auf der Erde.

Sonnenkapriolen

Die Sonne ist der einzige Stern, bei dem ein detailliertes Studium der Oberfläche möglich ist. Andere Sterne sind zu weit entfernt, um Forschungen dieser Art zu erlauben. Diese drei Photos (in Ultraviolettlicht) zeigen spektakuläre Eruptionen der Sonne: *Protuberanzen* werden in eine Höhe von Zehntausenden von Kilometern über die Oberfläche hinausgeschleudert. Manche Protuberanzen verlieren sich im All, sie stoßen mit Geschwindigkeiten um 1000 km/s große Mengen ionisierter Materie (Elektronen und Protonen) aus. Andere fallen auf die Oberfläche zurück und bilden dabei Feuerbögen. Man nimmt an, daß die Eruptionen der Sonne auf magnetischen Phänomenen beruhen. Da die Sonne kein fester Körper ist, benötigt sie an den Polen mehr Zeit, sich um die eigene Achse zu drehen (35 Tage), als am Äquator (25 Tage). Die Linien des Magnetfeldes im Inneren der Sonne verschlingen und überschneiden sich aufgrund dieses Unterschiedes. Nach Ablauf einer bestimmten Frist zerbrechen sie und gelangen zur Oberfläche, wo sie Sonnenflecken bilden und Protuberanzen hervorrufen.

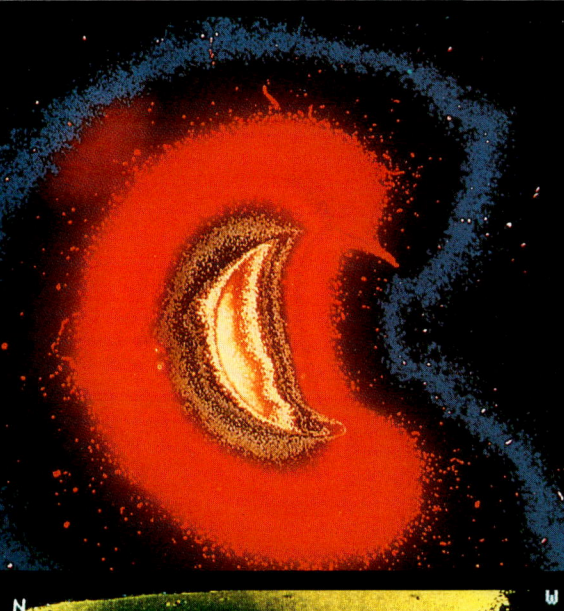

Die Sonnenkorona

Das Bild auf der linken Seite, das 1973 vom Sonnenteleskop an Bord von „Skylab" aufgenommen wurde, zeigt die Auswirkung einer gigantischen Eruption der Sonne auf die Sonnenkorona A. Diese Korona ist auf Millionen von °C aufgeheizt und erstreckt sich über mehrere Millionen Kilometer über der Sonnenoberfläche. In einer noch detaillierteren Aufnahme der Sonnenkorona (rechts unten), die vom NASA-Satelliten „Solar Maximum Mission" aufgenommen wurde, der die Sonne zur Zeit der größtmöglichen Aktivität beobachtete, lassen die verschiedenen Farben unterschiedliche Dichtezonen erkennen; braun steht für Zonen, deren Dichte am größten ist, und gelb für Zonen, deren Dichte am geringsten ist. Aber selbst in den dichtesten Bereichen zeigt die Sonnenkorona fast eine vollkommene Leere. Das Bild oben rechts, das von einem Astronauten an Bord der Raumkapsel „Apollo 16" aufgenommen wurde, zeigt die Auswirkung des Sonnenwindes auf die Erde. Er läßt die feine Wasserstoffschicht, welche die Erde umgibt, aufleuchten und bildet dabei eine Art Lichthof, der nur im ultravioletten Licht entdeckt werden kann.

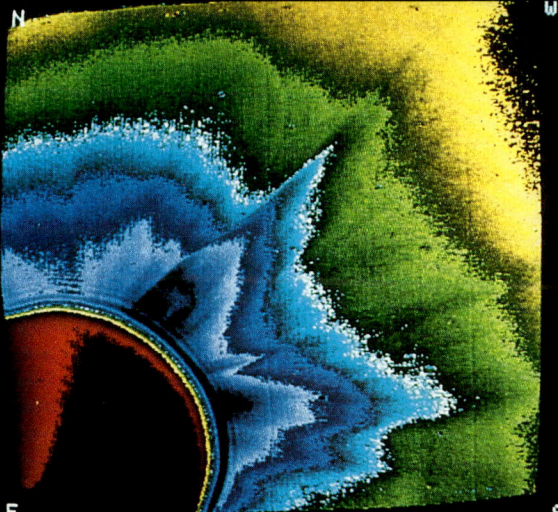

HAO SMM CORONAGRAPH/POLARIMETER
DOY 103   UT= 1416 POL=0

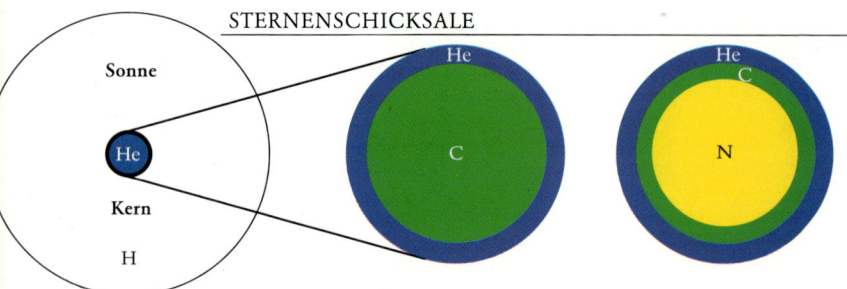

Eine neue Chance für das Universum

Wenn im Zentrum eines Sterns der Wasserstoffvorrat erschöpft ist, verwandelt es sich zu einem aus Helium bestehenden Kern. Der Druck, der durch die Strahlung ausgeübt wird, schwächt sich ab, und die Schwerkraft gewinnt die Oberhand. Der Stern zieht sich zusammen. Dichte und Temperatur des Heliumkerns und der Wasserstoffschicht, die ihn umgibt, nehmen zu. Die Temperatur der letzteren überschreitet bald einige zehn Millionen °C, und die Verbrennung des Wasserstoffs setzt wieder ein. Der dadurch freigesetzte Energieausstoß bläht den Stern gewaltig auf, bis zu einem Hundertfachen seiner ursprünglichen Größe. Gleichzeitig färbt er sich rot: Er wird ein *Roter Riese*.

Doch auch die Wasserstoffreserve in der den Heliumkern umgebenden Hülle erschöpft sich einmal. Mangels Brennstoff zieht sich der Heliumkern noch mehr zusammen, die Temperatur im Inneren übersteigt 100 Millionen °C und das Helium beginnt zu brennen. Die Heliumkerne formieren sich zu Dreiergruppen und bilden Kohlenstoffkerne, deren Masse etwas geringer ist als die dreier Heliumkerne. Der Rest wird in Strahlung umgesetzt.

Wie kann es einem Stern, anders als dem Universum, gelingen, schwerere Elemente als Helium zu erzeugen? Weil eine große Dichte und genügend Zeit benötigt wird, um drei Heliumkerne aufeinandertreffen zu lassen, Zeit, über die das expandierende Universum nicht verfügte. Die Materie verdünnte sich im Universum sehr schnell. Damit waren die Chancen für eine solche Begegnung praktisch bereits in der dritten Minute gleich Null. Der Rote Riese hat Milliarden von Jahren Zeit, um das Aufeinandertreffen von Heliumkernen zu ermöglichen. Er bewahrt damit das Universum vor der „Sterilität", denn von nun an verfügt es über kosmische Öfen, um die chemischen Elemente herzustellen, die für die Entstehung des Lebens notwendig sind.

Die thermonuklearen Reaktionen laufen im Inneren der Sonne ab, in einem Bereich, der sich vom Zentrum aus über ein Viertel des Sonnenradius erstreckt. Die Strahlung dringt dann in Richtung der Sonnenoberfläche. Im letzten Achtzehntel des Sonnenradius wird die Energie schließlich durch Konvektionsbewegungen an die Oberfläche (siehe Schema rechts unten) gebracht. Um vom Zentrum bis zur Oberfläche der Sonne zu gelangen, braucht die Strahlung 100 000 Jahre. Die Sterne, die in ihrem Zentrum den Wasserstoff aufgebraucht haben, werden zu Roten Riesen, wie der Stern HD 65750 (rechts). Dieser ist von Gas und Staub umgeben, die vom Verlust seiner äußersten Schichten herrühren.

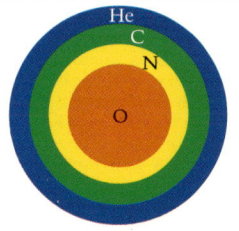
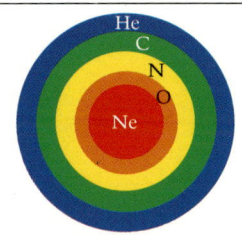
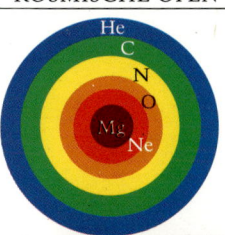

Das Eisen als Sternenasche

Innerhalb von einigen Millionen Jahren entstehen mehr als 20 neue chemische Elemente. Wenn der Brennstoff Helium aufgebraucht ist, beginnt die Verbrennung des Kohlenstoffs, durch die Sauerstoff erzeugt wird. Nach dem Kohlenstoff ist der Sauerstoff an der Reihe, verbrannt zu werden. Auf diese Weise werden komplexere Elemente gebildet, wie das Neon, das Magnesium oder auch das Aluminium und der Schwefel.

Wenn das Eisen entsteht, trägt der Stern bereits die chemischen Elemente in sich, die zu mehr als 90 % die Atome unseres Körpers bilden und für die Vielfalt des Lebens verantwortlich sind.

Mit den einfachen Protonen- und Neutronenbausteinen hat der Baumeister Stern architektonische Strukturen errichtet, die außerordentlich eindrucksvoll sind. So besitzt das Eisen eine Atomstruktur, die aus 26 Protonen und 30 Neutronen besteht.

Das Eisen kann jedoch nicht mehr als Brennstoff benutzt werden. Im Gegensatz zu den vorausgehenden Elementen setzt die Fusion des Eisens keine Energie frei, sondern benötigt sie.

Wenn es an Brennstoff mangelt, hört der Stern auf zu strahlen. Anschließend zieht die Schwerkraft, die durch die Strahlung nicht mehr ausgeglichen wird, den Stern zusammen. Er kollabiert und stirbt schließlich.

Die Temperatur des Roten Riesen ist nicht einheitlich: Im Inneren beträgt sie einige Milliarden °C, an der Oberfläche nur einige Tausend °C. Weil Wasserstoff erst bei 10 Millionen °C zu Helium verbrennt, und Helium erst bei 100 Millionen °C zu Kohlenstoff verbrennt, variieren Brennstoff und Verbrennungsprodukte je nach Sternschicht. Der Stern erhält eine „Zwiebelschalenstruktur" und wird nach außen hin zunehmend ärmer an schweren Elementen (siehe Schema oben).

Weiße und Schwarze Zwerge

Sterne können mager oder dick sein. Die magersten und
kleinsten haben nur ein Zehntel der Masse der Sonne.
Dagegen besitzen die dicksten und größten die Masse von
ungefähr 100 Sonnen. Der Tod eines Sterns kann je nach
Masse sanft oder gewaltig erfolgen.

Wie wird das Schicksal unserer Sonne aussehen? In
neun Milliarden Jahren wird sie ihren Brennstoffvorrat
verbraucht haben. Die Schwerkraft wird sie dann zu der
Größe der Erde komprimieren; sie wird dann einen Radius
von ungefähr 6 000 km haben. Die Sonne wird zu einem
kleinen Stern. Sie erhitzt sich, da die Bewegungsenergie des
Zusammenfallens in Hitze verwandelt wird. Ihre Farbe
wird weiß, und sie verringert ihren Umfang, was ihr den
Namen *Weißer Zwerg* einbringt. Die Dichte eines solch
komprimierten Sterns ist ungeheuer groß: Ein Löffel voll
Weißer Zwergmaterie wiegt 1 Tonne. Zur gleichen Zeit, in
der sein Innerstes zusammenbricht, entledigt sich der Stern
seiner äußeren Schichten. Sie werden vom Weißen Zwerg
zum Leuchten angeregt und sehen aus wie ein rot-, grün-
und gelbscheckiger Gasring, der als Planetarischer Nebel
bezeichnet wird – eine irreführende Bezeichnung, denn
die *Planetarischen Nebel* und die Planeten haben nichts miteinander zu tun. Unsere Nachfahren werden also keine

Der erste bekannte
Weiße Zwerg heißt
Sirius B; er wurde so
genannt, weil er der
Begleiter des leuchtend-
sten Sterns am nächt-
lichen Himmel ist, des
Sirius A. Letzterer
strahlt tatsächlich derart
hell, daß Sirius B lange
Zeit unbemerkt blieb.
Nach hartnäckigen
Bemühungen konnten
die Astronomen 1863
schließlich Sirius B im
Fernrohr erkennen. Sie
entdeckten später, daß
er zehntausendmal weni-
ger leuchtet als Sirius A,
aber genauso heiß ist
(10 000 °C). Ein Stern,
der solche Eigenschaf-
ten besitzt, konnte aber
nur äußerst klein sein,
etwa von der Größe der
Erde. Er wurde deshalb
Weißer Zwerg genannt.
In den 30er Jahren er-
kannte der Astrophysiker
Subrahmanyan Chandra-
sekhar, daß ein Weißer
Zwerg das Resultat des
Zusammenfalls eines
Sterns ist, dessen Brenn-
stoff ausgegangen war.
Seine Masse kann
höchstens das 1,4fache
derjenigen der Sonne be-
tragen. Das Innere die-
ser relativ massearmen
Sterne ist weder ausrei-
chend heiß noch dicht
genug, um die Verbren-
nung von Kohlenstoff
oder Sauerstoff in Gang
zu setzen. Eisen (links)
wird nur im Inneren von
massereicheren Sternen
produziert.

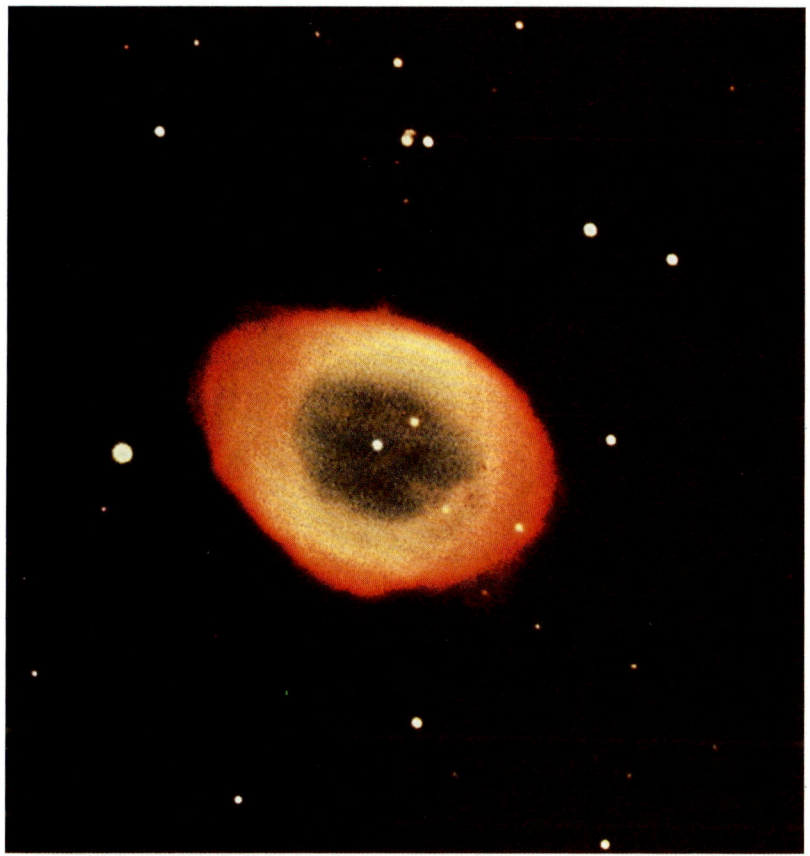

Energiequelle mehr haben. Für sie wird es Zeit sein, sich auf die Suche nach einer anderen Sonne zu begeben.

Der Weiße Zwerg wird Milliarden von Jahren brauchen, um seine Wärme zu verlieren. Am Ende, wenn er sich in einen unsichtbaren *Schwarzen Zwerg* verwandelt hat, wird er sich den unzähligen toten Sternen anschließen, die sich in der Unermeßlichkeit des Universums verlieren. Was den Planetarischen Nebel betrifft, wird sich dieser im Weltraum auflösen und dort die schweren Elemente verteilen, die in den Schmelzöfen der Sterne erzeugt wurden. Dieser sanfte Tod ist allen Sternen vorbehalten, deren Masse weniger als das 1,4fache der Sonnenmasse beträgt.

Der Planetarische Nebel im Sternbild der Leier ist 4000 Lichtjahre von der Erde entfernt. Der Lichtpunkt im Zentrum ist der Weiße Zwerg, der ihn zum Leuchten anregt. Gemessen an den kosmischen Zeiten ist dieser Nebel nichts weiter als ein Strohfeuer: Er wird in ungefähr 50000 Jahren nicht mehr zu sehen sein!

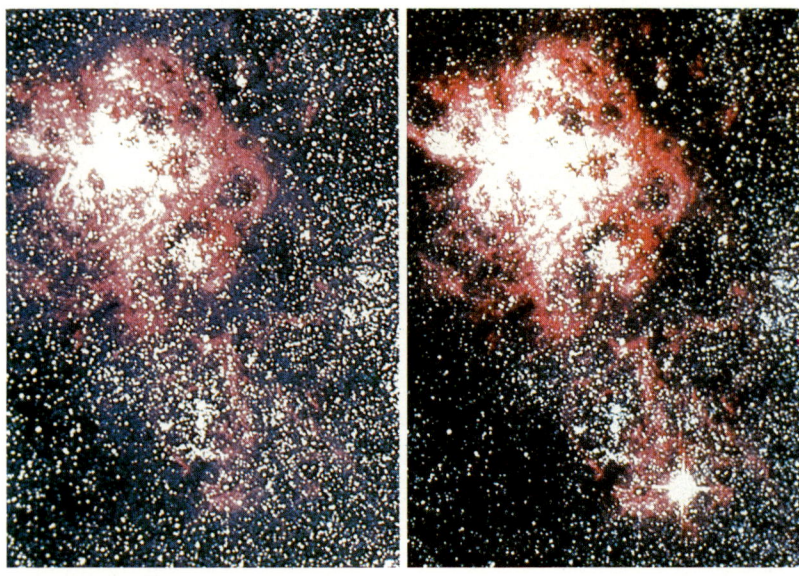

Der explosive Tod einer Supernova

Was geschieht mit einem massereicheren Stern? Er wird einen viel heftigeren Todeskampf durchmachen. Doch auch hier unterscheidet sich sein Los noch danach, ob der Stern eine größere oder kleinere Masse hat als ungefähr fünf Sonnen.

Verfolgen wir zunächst das Ende eines Sterns, dessen Masse zwischen der 1,4- und ungefähr der fünffachen Masse der Sonne liegt. Die größer gewordene Masse des Sterns komprimiert ihn noch mehr, bis zu einem Radius von 10 km. Die ganze Materie wandelt sich in Neutronen um: Ein Löffel voll *Neutronensternmaterie* wiegt 1 Milliarde Tonnen. Diese phantastische Dichte würde man erhalten, wenn man die Masse von 100 Eiffeltürmen auf das Volumen der Spitze eines Kugelschreibers komprimierte.

Beim Zusammenfall seines innersten Kerns entlädt sich eine heftige Explosion. Die oberen Schichten werden mit Tausenden von Kilometern pro Sekunde ins All geschleudert. Dabei entsteht eine Leuchtkraft von Milliarden Sonnen. Ein Lichtpunkt taucht am Himmel auf, der fast genauso hell leuchtet wie eine ganze Galaxie. Es ist eine *Supernova*.

Das Auftauchen eines neuen Sterns in der großen Magellanschen Wolke vor einigen Jahren (rechts unten im rechten Foto) zeigte den Explosionstod eines massereichen Sterns an. Er wurde als Supernova 1987 A bezeichnet und leuchtete so stark, daß man ihn während der sechs Monate nach seinem Erscheinen mit bloßem Auge (von der südlichen Hemisphäre aus) sehen konnte. Seine Leuchtkraft ist schwächer geworden, aber die Astronomen beobachten ihn weiterhin mit Hilfe großer Teleskope. Die Explosion hat vor 150 000 Jahren stattgefunden, zur Zeit des Vorneandertalers; doch die Nachricht davon erreicht uns erst heute.

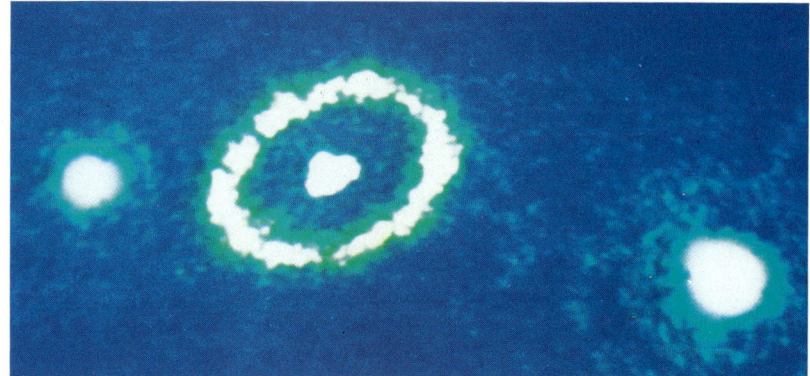

In einer Galaxie kommt ein solcher Explosionstod etwa einmal in jedem Jahrhundert vor. Wenn man aber die 100 Milliarden Galaxien des Universums berücksichtigt, tritt ein solcher Tod jede Sekunde auf. Die Menschen haben, seit sie ihre Himmelsbeobachtungen aufzuzeichnen begannen, ungefähr ein Dutzend solcher Supernovae in der Milchstraße entdeckt. Erinnern wir uns doch an den „neuen Stern", den der junge Tycho Brahe 1572 im Sternbild der Kassiopeia beobachtete. Was von dieser Supernova blieb, trägt nun seinen Namen.

Am 23. Februar 1987 hat eine Supernova in einem der Zwerggalaxien-Begleiter der Milchstraße, in der großen Magellanschen Wolke, die 150 000 Lichtjahre entfernt ist, die astronomische Welt aufgewühlt. Zum ersten Mal konnte der Tod eines nahen Sterns mit bisher unerreichter Präzision mit der ganzen Armada moderner Beobachtungsinstrumente verfolgt werden: mit großen erdgebundenen Teleskopen, Weltraumsatelliten, Neutrinodetektoren usw.

Der Krabbennebel, ein Gaststern

Eine der berühmtesten Supernovae in den Annalen der Astronomie ist jedoch diejenige, die zur Entstehung des „Krabbennebels" führte. Dieser „Gaststern" – dies ist der hübsche Name, den chinesische Astronomen ihm gaben – erschien am Morgen des 4. Juli 1054. Er leuchtete so hell, daß er wochenlang am Tage zu sehen war. Dennoch wird er in den Schriften des Westens nirgends erwähnt. Der Glaube an das aristotelische Weltbild machte die zeitgenössischen Wissenschaftler für dieses Phänomen noch blind.

Dieses mit dem Hubble-Weltraumteleskop aufgenommene Bild zeigt einen Materiering von 1,3 Lichtjahren Durchmesser, der die Supernova 1987 A (der Lichtpunkt im Zentrum des Ringes) umgibt. Man vermutet, daß der Ring, der durch die intensive Strahlung der Supernova zum Leuchten angeregt wird, aus der Materie besteht, die der Vorgängerstern der Supernova verloren hat, als er 10 000 Jahre vor der Explosion zum Roten Riesen wurde. Vor der Explosion war er ein Blauer Überriese, der so hell wie 100 000 Sonnen strahlte, eine Masse von 20 Sonnen besaß und zehnmal größer war als die Sonne.

Der Gaststern kann heute nicht mehr mit bloßem Auge beobachtet werden. Mit einem Teleskop kann man einen Supernova-Überrest ausmachen, der schwach leuchtet und die Gestalt einer Krabbe hat, woher auch sein Name stammt. Im Jahre 1967 wurde er dadurch berühmt, daß in seinem Inneren ein Neutronenstern entdeckt werden konnte. Dieser tritt in Gestalt eines Sterns in Erscheinung, der dreißigmal in der Sekunde aufleuchtet und erlischt, woher er auch seinen Namen *Pulsar* erhielt, vom Englischen „pulsating star", „pulsierender Stern". Diese außergewöhnliche Erscheinung beruht auf zwei Phänomen, nämlich darauf, daß der Neutronenstern nicht auf der gesamten Oberfläche, sondern in zwei dünnen Bündeln strahlt,

Der Neutronenstern Cygnus X–2 (links), der 3000 Lichtjahre von der Erde entfernt und hier vom Satelliten „Rosat" im Röntgenlicht aufgenommen ist, befindet sich in einer Umlaufbahn um einen normalen Stern. Materie vom normalen Stern, der im Röntgenlicht unsichtbar ist, wird von der enormen Schwerkraft des Neutronensterns angezogen und fällt auf seine Oberfläche, wobei sie stark erhitzt wird und eine große Menge an Röntgenstrahlung aussendet.

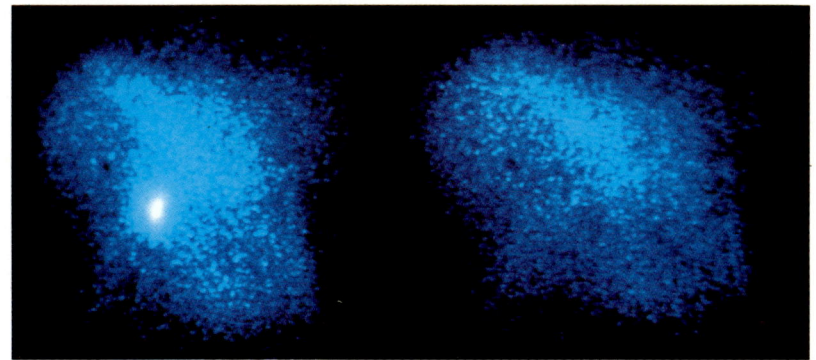

und daß er sich sehr schnell um sich selbst dreht. Denn so wie ein Eisläufer sich viel schneller dreht, wenn er seine Arme an den Körper legt, dreht sich ein kollabierter Stern viel schneller um seine Achse als ein Stern von normaler Größe. Es entsteht daher der Eindruck, daß er aufleuchtet wie ein Leuchtturm, wenn jeweils eines der Lichtbündel über die Erde streift.

Der Pulsar wird seine Energiereserven, die seit dem Zusammenbruch gespeichert sind, nach und nach erschöpfen, sich immer langsamer drehen – wie dies bei einem Kreisel der Fall ist – und in einigen Millionen Jahren aufhören zu strahlen. Dieser tote Stern wird dann nicht mehr zu sehen oder zu hören sein.

Im Zentrum des Krabbennebels (links), dem Supernova-Überrest, blinkt ein Neutronenstern (obere Röntgenlichtaufnahme). Die roten und gelben Filamente des Nebels, die die Produkte der Sternenalchemie enthalten, breiten sich mit Tausenden von Kilometern pro Sekunde im Weltraum aus.

Das Schwarze Loch, der endgültige Tod von Sternen

Welches Schicksal erleidet ein Stern, dessen Masse mehr als fünfmal größer ist als die der Sonne? Die riesige Masse komprimiert den Stern, der keinen Brennstoff mehr hat, auf ein derart kleines Volumen, daß ein enormes Gravitationsfeld in seiner Umgebung entsteht. Die Gravitation faltet den

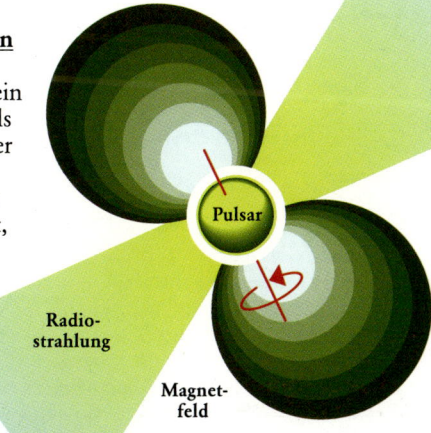

Pulsar

Radiostrahlung

Magnetfeld

Der Neutronenstern hat ein starkes Magnetfeld, das Elektronen und Protonen beschleunigt und strahlen läßt.

Raum zusammen und hindert
das Licht daran, ihn zu verlassen. Der Stern ist zum Schwarzen Loch geworden. Wenn
schon das Licht der Macht des
Schwarzen Loches nicht ent-
rinnen kann, ist alle Materie,
die dort hineinfällt, zum Bleiben verdammt. Die Reise geht
nur in eine Richtung.

Im Prinzip kann jedes
Objekt zum Schwarzen Loch
werden. Es reicht aus, es unter
eine bestimmte Größe zu
komprimieren, um die Gravitation so stark werden zu lassen, daß sie das Licht daran
hindert, das Objekt zu verlassen. Unter Umständen
könnte selbst ein
Mensch zum

Schwarzen
Loch werden,
wenn zwei Riesen-
hände ihn zu weniger
als 10^{-23} Zentimeter komprimieren, einer Größe, die eine
Million Milliarden Male kleiner ist als die
eines Atoms. Die Erde würde ein Schwarzes
Loch werden, wenn man sie auf die Größe einer
Billardkugel komprimierte. Doch sind Schwarze
Löcher wirklich selten, denn es ist sehr schwierig,
Objekte so stark zu komprimieren. Die elektromagnetische Kraft, welche die Atome und die Moleküle

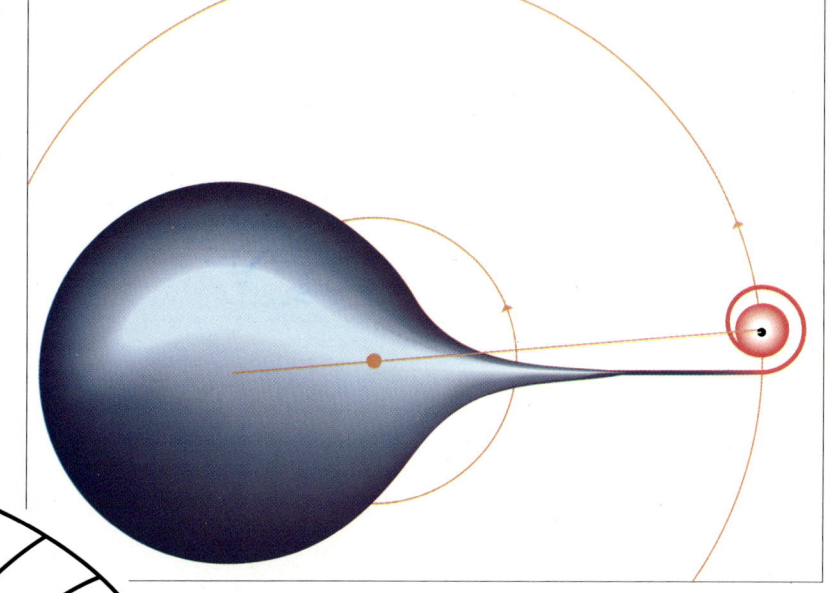

zusammenhält und sie zu Kristallnetzen ordnet, widersetzt sich standhaft einer so extremen Verdichtung. Um Schwarze Löcher zu bilden, müssen die Sterne eine größere Masse haben als fünf Sonnen gemeinsam.

Viele massereiche Sterne leben paarweise zusammen und bewegen sich umeinander. Wenn einer der Sterne zu einem Schwarzen Loch kollabiert, dreht sich der andere weiterhin um seinen unsichtbaren Gefährten, als ob nichts geschehen wäre. Denn das Gravitationsfeld, das die Bewegung des sichtbaren Sterns bestimmt, hängt nur von der Gesamtmasse des Paares ab, die sich nicht verändert hat.

Das mächtige Gravitationsfeld des Schwarzen Loches richtet Schaden an: Es zieht die Gasatmosphäre des sichtbaren Sterns zu sich hin. Die Gasatome stürzen mit voller Geschwindigkeit auf das Schwarze Loch zu, prallen dabei heftig aufeinander und erhitzen die Materie, die sehr beachtliche Mengen von Röntgenlicht aussendet, bevor sie für immer im Bauch des Monsters verschwindet.

Weit entfernt vom Schwarzen Loch ist der Raum „eben", d.h. nicht gekrümmt. Im Schwarzen Loch ist das Gravitationsfeld derart stark, daß die Krümmung des Raumes unendlich wird (Schema links): Alles stürzt in diesen Schlund und wird unerbittlich zerstört. Im Sternbild des Schwans umkreist ein unsichtbarer Gefährte einen Blauen Überriesenstern und strahlt gewaltige Mengen an Röntgenlicht aus (Zeichnung oben). Die Astronomen nennen ihn Cygnus X-1 und vermuten, daß es sich um ein Schwarzes Loch handelt.

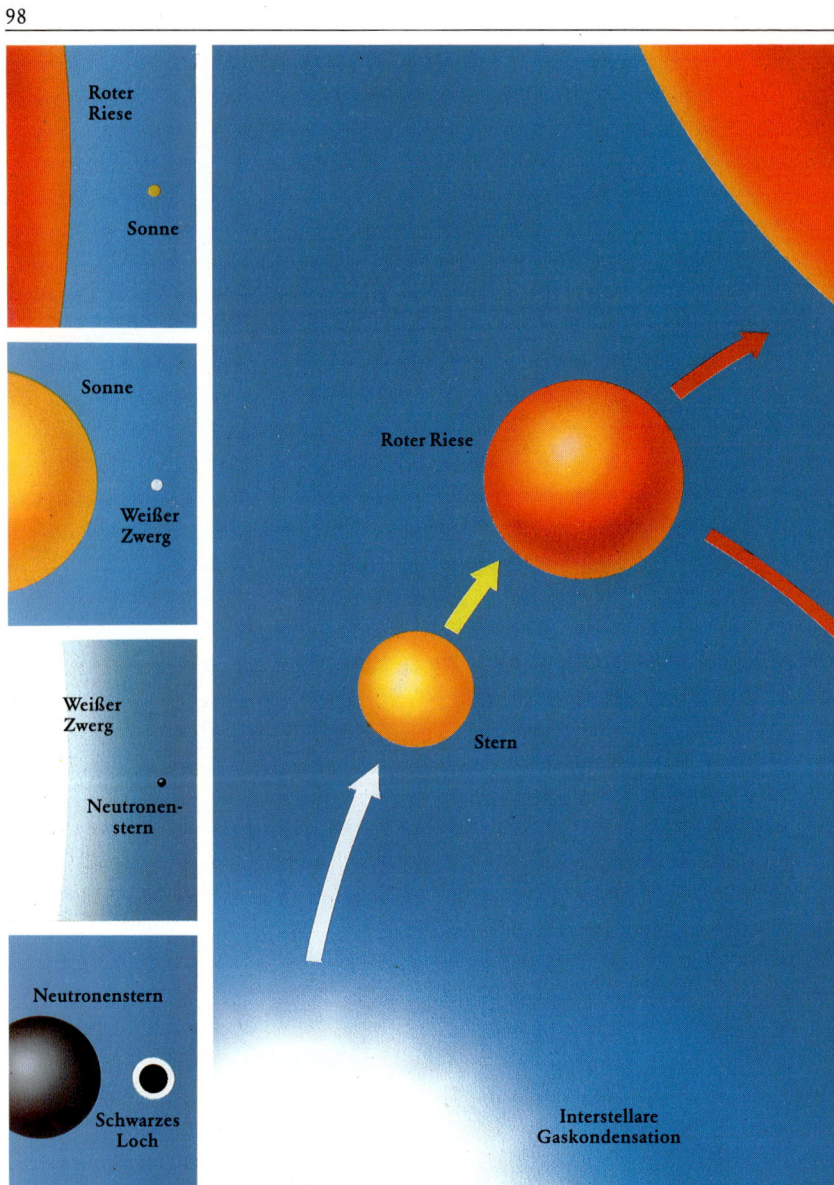

Roter Riese

Sonne

Sonne

Weißer Zwerg

Weißer Zwerg

Neutronenstern

Neutronenstern

Schwarzes Loch

Roter Riese

Stern

Interstellare Gaskondensation

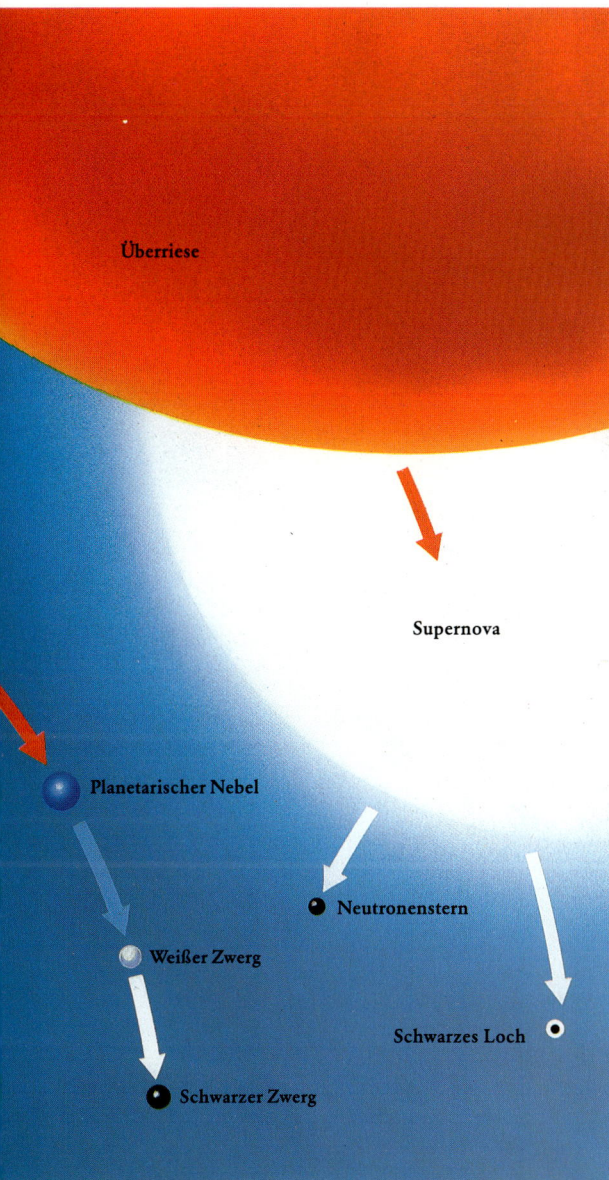

Überriese

Supernova

Planetarischer Nebel

Neutronenstern

Weißer Zwerg

Schwarzes Loch

Schwarzer Zwerg

Das Schicksal eines Sterns hängt von seiner Fähigkeit ab, der verdichtenden Wirkung der Schwerkraft zu widerstehen. Solange der Stern noch über „Brennstoff" verfügt, leistet der Strahlungsdruck, der durch die Kernreaktionen in seinem Inneren produziert wird, der Schwerkraft Widerstand. Sobald der „Brennstoff" aufgebraucht ist, gewinnt die Schwerkraft die Oberhand, und der Stern kollabiert. Bei einem Stern, der weniger als 1,4 Sonnenmassen besitzt, weigern sich die Elektronen, sich zu sehr komprimieren zu lassen, und halten in einem Radius von 6000 km den Zusammenfall des Sterns auf. Sie geben dem Weißen Zwerg seine „Härte". Bei einem Stern zwischen dem 1,4- und dem fünffachen der Sonnenmasse begünstigt die größere Masse einen schnelleren Zusammensturz, der die Elektronen überrumpelt. Jetzt organisieren die Neutronen den Widerstand. Auch sie weigern sich, sich zu sehr komprimieren zu lassen. Sie halten das Zusammenfallen des Neutronensterns bei einem Radius von 10 km auf. Wenn der Stern massereicher ist als fünf Sonnen, können weder Elektronen noch Neutronen der Schwerkraft Widerstand leisten. Der Stern kollabiert zum Schwarzen Loch.

Die Wohltaten der Supernovae

Wie im Fall eines Neutronensterns wird die Geburt eines
Schwarzen Loches ebenfalls vom gewaltigen Aufflammen
einer Supernova begleitet. Der Stern produziert zunächst
Kerne von Elementen, die komplexer sind als das Helium.
Aber diese ganze wunderbare Nuklearalchemie würde
nichts nützen, wenn die Produkte der Sternenküche Gefan-
gene der Sterne bleiben würden. Denn der nächste Schritt
hin zur Komplexität besteht darin, neutrale Atome entste-
hen zu lassen, d.h. die Kerne der Elemente und die
Elektronen mit Hilfe der elektromagnetischen
Kraft miteinander zu verbinden.
Eine solche Verbindung
kann nicht im
Inneren der Sterne

Supernova-Überreste,
wie dieser im Stern-
bild Vela, der von einer
Sternenexplosion vor
12 000 Jahren stammt
(oben), überziehen die
Milchstraße mit einem
Netz von Gaswolken.

stattfinden. Die enorme Hitze, die dort herrscht, schleudert die Atome aufeinander und zerbricht sie, sobald sie entstanden sind. Ein kälterer und ruhigerer Ort wird benötigt, um Atome zu bilden. Bei Temperaturen, die sich zwischen der Eiseskälte von − 100 °C und dem Schmelzofen von 10 000 °C bewegen, ist der interstellare Raum der dafür ideale Ort.

Die Atomkerne des Goldes, aus denen dieser keltische Halsreif besteht, entstanden vor mehr als 4,6 Milliarden Jahren aus dem explosiven Tod eines massereichen Sterns, in einer kolossalen nuklearen Feuerglut.

Wie aber können die Produkte der Sternöfen aus dem Bereich der Sterne entkommen, und wie kann beispielsweise Eisen in die Erdkruste gelangen? Die Supernova explodiert. Folglich ist der interstellare Raum mit Kernen schwerer Elemente, den Keimzellen zukünftiger lebensbringender Planeten, übersät. Die nukleare Alchemie im Sterninneren hat mangels Energie beim Eisen geendet. Die Energie, die die Supernova im Überfluß erzeugt, bewirkt, daß Kernreaktionen nicht zu zügeln sind. Dadurch entstehen alle Elemente, die schwerer sind als Eisen, wie Silber, Gold, Blei und Uran.

Die Supernovae sind ebenfalls für die Genmutationen verantwortlich, die von der Urzelle bis zu uns geführt haben. Sie schleudern Elektronen- und Protonenschwaden in den interstellaren Raum, von denen einige eines Tages auf die Erde gelangen. Als kosmische Strahlung verändern sie hier die Gene.

Im Gegensatz zur Entstehungszeit des Goldes entstanden die Eisenatome dieser römischen Schere aus dem 1. Jahrhundert, als der Stern noch lebte und in seinem Inneren eine Hitze von einigen Milliarden °C herrschte. Während seines heftigen Todes wurden die Atome in den interstellaren Raum freigesetzt und drangen bis in die Erdkruste.

FÜNFTES KAPITEL
EIN PLANET ENTSTEHT

Unter den Tausenden von Arten im Tier- und Pflanzenreich, die im Laufe der Zeit die Erde bevölkert haben, ist der Mensch derjenige, der sich an der Schönheit und Harmonie des Universums zu erfreuen vermag. Obwohl ihm kein anderer Lebensraum zur Verfügung steht als der blaue Planet, und er sich dessen bewußt ist, ist er es doch, der das ökologische Gleichgewicht der Biosphäre ernsthaft in Gefahr bringt.

Zu Beginn war die Erde mit glühender Lava bedeckt, wie sie vom Vulkan Kilauea auf Hawaii in den Pazifischen Ozean strömt (links). Die Vorfahren dieses primitiven Organismus (rechts), der als „Siphonophor" bezeichnet wird, entstanden vor ungefähr 500 Millionen Jahren, d.h. mehr als 3 Milliarden Jahre nach dem Erscheinen von Leben auf der Erde.

Moleküle im Weltraum

Dank der schöpferischen Alchemie der massereichen
Sterne stehen dem Universum jetzt Kerne schwerer
Elemente zur Verfügung, die durch Supernovaexplosionen zwischen den Sternen verteilt werden.
Die Kerne und Elektronen miteinander in Verbindung zu bringen, um Atome und Moleküle herzu-
stellen, bildet den nächsten Schritt. Wie aber kann das
Aufeinandertreffen dieser Teilchen ermöglicht werden?
Im allgemeinen sind die interstellaren Wolken nicht dicht
genug, um als Treffpunkte in Frage zu kommen. Die
interstellaren Staubkörner, die in den Hüllen der Roten
Riesen entstanden sind und durch deren starke Strahlung in den Weltraum gestoßen wurden, kommen
zu Hilfe. Diese Staubkörner sind sehr kleine
Partikel von einem zehntausendstel Millimeter
Durchmesser, im atomaren Maßstab sind sie jedoch
riesengroß. Sie sind das Ergebnis der Verknüpfung von
Milliarden von Atomen aus Silizium, Sauerstoff,
Magnesium und Eisen, die durch die elektromagnetische Kraft in einem starren Netz angeordnet sind und
einen soliden Kern bilden, den eine hauchdünne
Eisschicht umgibt.

Auf der Oberfläche dieser Staubkörner, des Nähr-
bodens für das Aufeinandertreffen, gehen die Kerne
der schweren Elemente, die im Innern der Sterne entstanden sind, vielfache Paarungen und Verbindungen
ein. Wiederum funktioniert die elektromagnetische Kraft
als Bindemittel. Moleküle, die aus zwei, drei, vier und bis
zu zwölf Atomen bestehen, finden
sich im interstellaren Raum.
Am häufigsten sind Moleküle aus
Wasserstoff (H_2) und aus Kohlen-
monoxid (CO) sowie Wassermo-
leküle (H_2O), die eine bedeutende
Rolle bei der Entstehung des Lebens
spielen und unseren Planeten
blau erscheinen lassen.
Es folgen noch Mole-
küle von Methan (CH_4) und
Ammoniak (NH_3), die später
für die schädlichen Dämpfe
in der Uratmosphäre der
Erde verantwortlich sind.

Von den Wasser-
(Modell ganz links),
Methan- (nebenstehend)
und Ammoniakmole-
külen (rechte Seite), die
sich im interstellaren
Raum bildeten, hat die
Erde nur das Wasser an
sich gebunden.

Die Radioastronomen haben Hunderte von verschiedenen Molekülen im interstellaren Raum entdeckt. Sie bestehen überwiegend aus Wasserstoff (H), Kohlenstoff (C), Stickstoff (N) und Sauerstoff (O). Lebewesen sind zu mehr als 99 % aus diesen vier Elementen aufgebaut. Freilich sind die interstellaren Moleküle weit davon entfernt, die Komplexität der gewundenen DNA-Molekülkette zu besitzen.

Die interstellaren Staubkörner (Struktur oben) sind die ersten festen Körper des Universums.

Die Geburt des Sonnensystems

Unter welchen Voraussetzungen bilden sich Strukturen, nicht mit zehn, sondern mit Tausenden oder sogar Millionen von Atomen? Dazu bedarf es eines Ortes, der für das Zusammentreffen viel günstiger ist, einer einladenderen Wiege, um Leben hervorzubringen, als es der interstellare Raum ist. Eine solche Wiege des Lebens ist ein Planet.

Nehmen wir also aus der Nähe an der Geburt eines uns so wichtigen Planeten, der Erde, teil. Die kosmische Uhr schlägt 10,4 Milliarden Jahre. Das Universum dehnt sich immer noch aus und kühlt sich ab. Inzwischen ist das kosmische Gewebe der Superhaufen, Haufen und Galaxiengruppen entstanden. Die Sterne haben ihren Zyklus von Leben und Tod durchlaufen, mehrere Generationen sind einander gefolgt und haben den interstellaren Raum in den Galaxien mit schweren Elementen angereichert. Unter den Hunderten von Milliarden Galaxien, die das Universum bevölkern, gibt es nur eine Milchstraße. In einer kleinen, verlorenen Ecke darin, ungefähr bei zwei Drittel der Entfernung vom Zentrum

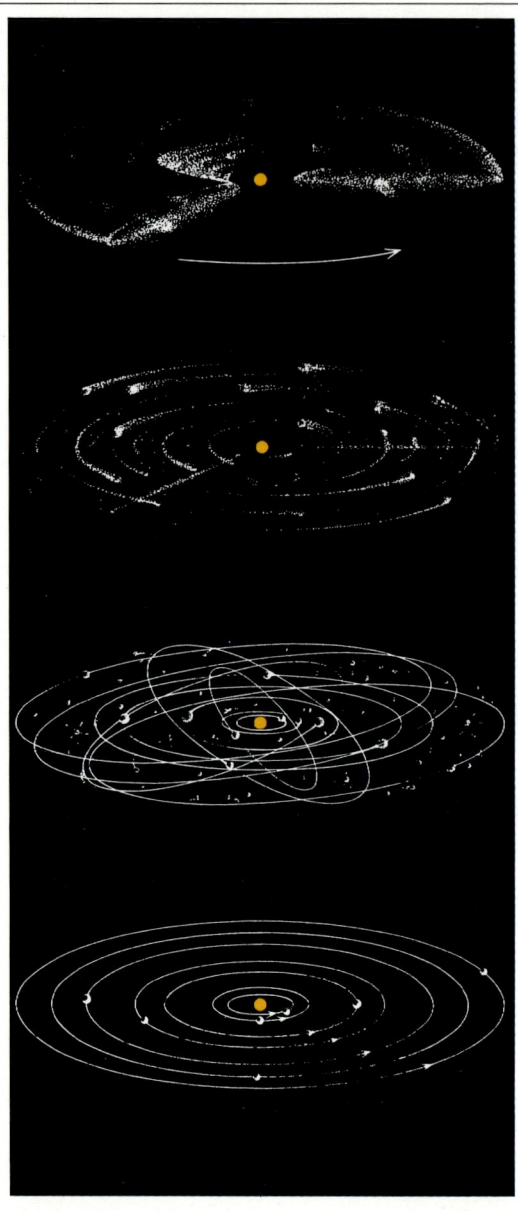

zum Rand, kollabiert eine interstellare Wolke, erhöht die Temperatur ihres Inneren auf 10 Millionen °C und löst die Kernverschmelzung von Wasserstoff aus. Die Gaswolke leuchtet auf und wird zum Stern: Die Sonne, ein Stern der dritten Generation, ist geboren.

Im Stadium der Kontraktion entkommen die Staubkörner der Gaswolke. Sie kreisen um die Sonne und formen Ringe, ähnlich jenen, die noch heute den Saturn zieren. Im Inneren dieser Ringe beginnen einige etwas massereichere Staubgebilde aufgrund ihrer größeren Schwerkraft andere einzufangen. Ihre Masse und Schwerkraft nehmen zu, der Rhythmus des Einfangens beschleunigt sich, und bald findet sich die Gesamtheit der Ringmaterie in neun Körpern wieder, die die Schwerkraft zu Kugeln geformt hat: den Planeten.

Um jeden Planeten (außer Merkur) gruppiert sich eine Schar kleiner Verdichtungen: die Monde. Die Erde hat ihren einen Mond, während Jupiter und Saturn inmitten von mehr als zehn Satelliten thronen. Das Sonnensystem ist geboren.

Die Planeten des Sonnensystems lassen sich in zwei Kategorien einteilen. Nahe der Sonne befinden sich die der Erde ähnlichen Planeten Merkur, Venus und Mars: Sie sind massearm, haben eine Steinoberfläche und eine dünne oder keine Atmosphäre. Weiter entfernt befinden sich die Riesenplaneten Jupiter (siehe oben), Saturn, Uranus und Neptun: Sie sind massereich, ohne feste Oberfläche, und ihre mächtige Atmosphäre besteht hauptsächlich aus leichten Elementen, wie Wasserstoff und Helium.

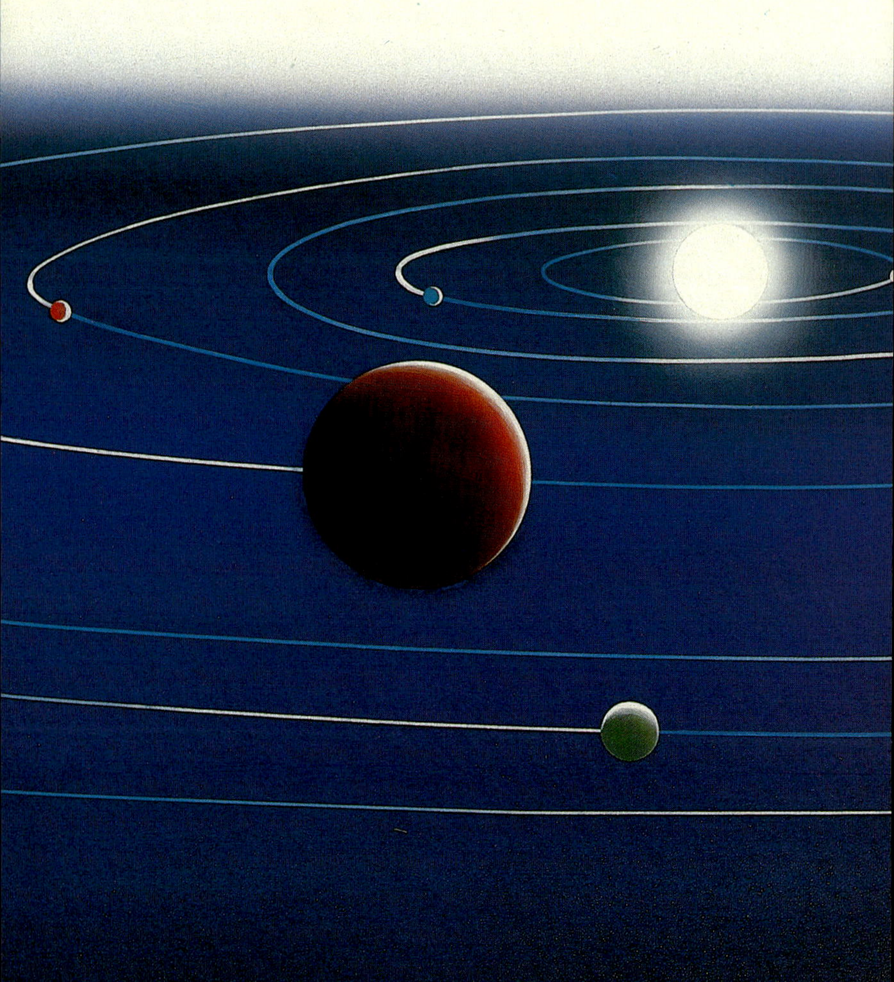

Merkur (oben) ist von der Erde aus sehr schwer zu beobachten: Da er klein ist (sein Durchmesser ist kleiner als die Hälfte des Durchmessers der Erde), geht er im hellen Licht der Sonne unter. Dank Raumsonde „Mariner 10" wissen wir, daß seine Oberfläche von Kratern übersät ist. Merkur hat keine Atmosphäre, denn die geringe Schwerkraft des Planeten vermochte es nicht, seine von der Sonne überhitzte Uratmosphäre zurückzuhalten.

Venus (links) besitzt eine mächtige Atmosphäre, die das sichtbare Licht nicht durchläßt, aber von Radiostrahlen durchdrungen werden kann. Das Radar an Bord der Sonde „Magellan", die 1990 den Planeten besuchte, hat eine Landschaft entdeckt, die von Kratern und Vulkanen, aus denen lange Ströme glühender Lava fließen, überzogen ist.

Der rote Planet

M ars hat schon immer eine große Faszination auf die Menschen ausgeübt. 1877 gab der Astronom Schiaparelli die Entdeckung eines Kanalnetzes auf diesem Planeten bekannt, was den Glauben an die Existenz von Marsmenschen auslöst. Die Bilder, die 1971 von

der Sonde „Mariner 9" übermittelt werden, zeigen weder Kanäle noch Marsbewohner, sondern eine unfruchtbare Landschaft, die mit Kratern, Schluchten und erloschenen Vulkanen von gigantischen Ausmaßen übersät ist (oben). Der Vulkan des Berges Olympus hat einen Durchmesser von 600 km. 1976 landeten die Sonden „Viking 1" und „2" auf dem Mars (links eine Aufnahme des Marsbodens). „Viking" führte biologische Experimente durch, um die Existenz lebender Mikroorganismen nachzuweisen. Sie erbrachten jedoch kein positives Ergebnis.

Jupiter ist der Riese unter den Planeten des Sonnensystems: Er besitzt 318mal die Masse der Erde und ist 2,5mal massereicher als alle anderen Planeten und Satelliten zusammen. Trotz seines Durchmessers, der elfmal größer ist als der der Erde, dreht sich dieser Planet am schnellsten im Sonnensystem. Er besteht aus einem steinigen Kern und besitzt eine Hülle aus Wasserstoff und Helium, die 20 000 km mißt. Die schnelle Rotation des Planeten verursacht heftige atmosphärische Stürme, die Hochdruckzonen (helle Farbe) und Tiefdruckzonen (dunkle Farbe) parallel zum Äquator (links unten) entstehen lassen. Zyklone, wie der große rote Fleck (oben links), in den drei ganze Erden passen würden, sind Störungen in der Atmosphäre. Die Voyager-Sonden haben die erstaunlich vielfältige Landschaft der galileiischen Monde aufgenommen (nebenstehende Bilderabfolge von oben nach unten): Ganymed und Kallisto, von der Größe des Merkur; Europa und Io, von der Größe des Mondes. Der Boden von Ganymed und Kallisto ist mit Kratern übersät, die vereiste Oberfläche von Europa ist mit Spalten überzogen, während auf der heißen Oberfläche von Io Vulkane wüten.

Der Herr der Ringe

Saturn (links) verdankt seine Bezeichnung dem einzigartigen Ringsystem (oben). Diese Ringe bestehen aus einer Vielzahl von Brocken aus Stein und Eis, deren Größe von der einer Schneeflocke bis zu der eines mächtigen Felsens von mehreren 10 m Durchmesser reichen kann. Jede dieser Steinansammlungen folgt ihrer Umlaufbahn in der Äquatorebene des Planeten. Da sie dem Planeten zu nahe sind, vermutet man, daß die von ihm ausgeübten Gezeitenkräfte eine Entstehung von Monden verhindert haben.

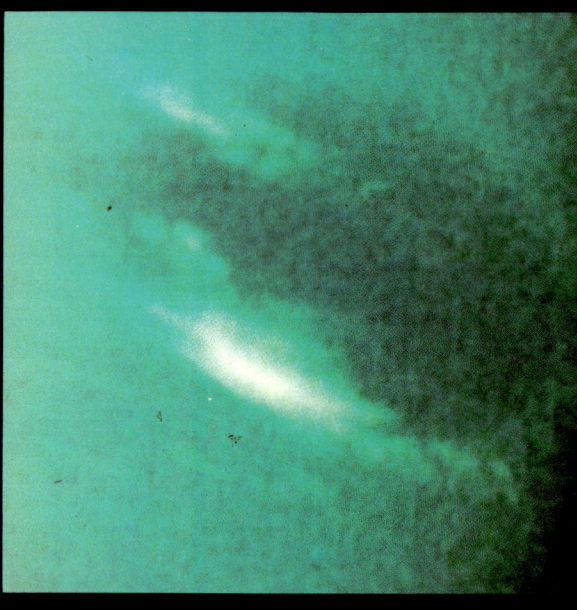

Neptun

Die Existenz des Neptun (unten links) wurde vom Engländer John Adams und dem Franzosen Urbain Le Verrier postuliert. Diese Astronomen konnten sich die Bewegung des Uranus nicht ohne die zusätzliche Gravitationskraft eines achten Planeten erklären. Unter Anwendung der Newtonschen Gesetze konnten sie die Position des Neptun exakt für die Stelle vorausberechnen, an der der Planet 1846 von Johann Galle tatsächlich entdeckt wurde. Die Sonde „Voyager 2" besuchte ihn im August 1989. Neptun besitzt eine bläuliche Atmosphäre, die auf Methan zurückzuführen ist, das das Gelb und Rot des Sonnenlichts absorbiert. Wie im Falle von Jupiter wird die Atmosphäre des Neptun von heftigen Zyklonen erschüttert, wie der große blaue Fleck (oben, über den weißen Wolken), der ungefähr die gleiche Größe wie die Erde besitzt, zeigt. Aufgrund der eisigen Temperatur der Neptun-Atmosphäre (−213 °C), kommt das Methan in Form von weißen Eiskristallen vor, die sich zusammenschließen und weißliche Wolken bilden, die an irdische Zirruswolken erinnern.

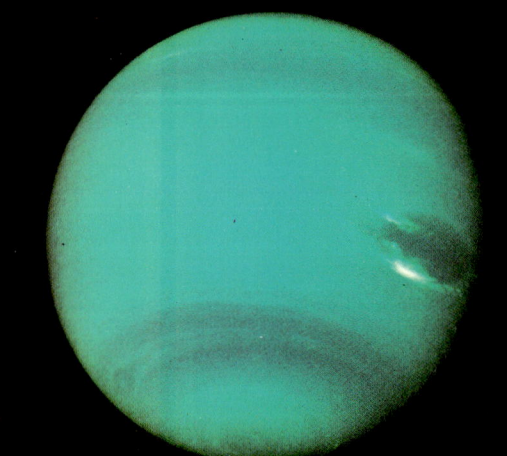

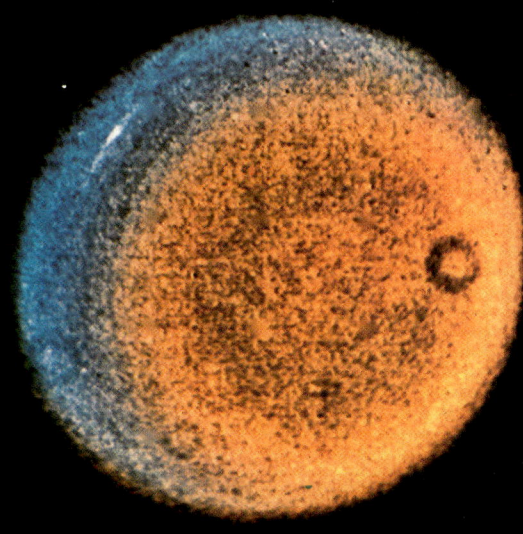

Uranus und Pluto

U ranus (links) ist 3 Milliarden km von der Sonne entfernt. Seine Rotationsachse ist derart geneigt, daß sich seine Pole praktisch in der Ebene seiner Umlaufbahn um die Sonne befinden; daher rühren auch die äußerst sonderbaren Jahreszeiten: Auf 42 Jahre Tag folgen 42 Jahre Nacht (84 Jahre ist die Zeit, die Uranus braucht, um einmal die Sonne zu umkreisen). Man glaubt, daß der Planet durch das zu nahe Vorüberziehen eines massereichen Asteroiden „auf die Seite gekippt wurde". Pluto, der neunte Planet des Sonnensystems, wurde erst 1930 entdeckt. Seine Umlaufbahn ist einzigartig: sehr exzentrisch und im Vergleich mit den Bahnen der anderen Planeten um 17 ° geneigt. Diese Eigenart gibt Anlaß zu der Vermutung, daß er ein früherer Satellit von Neptun ist und durch die Wechselwirkung mit einem massereichen Objekt weggeschleudert wurde. 1978 wurde ein Satellit von Pluto entdeckt, Charon. Charon und Pluto sind nur 19 700 km voneinander entfernt. Ein Teleskop auf dem Erdboden hat alle Mühe, ihre Bilder zu trennen (links unten), während das Hubble-Weltraumteleskop dies ohne weiteres vermag (rechts unten).

Ground Based

HST/FOC

Pluto

Charon

Unser Planet Erde

Was vom ursprünglichen Staub im Sonnensystem übrigblieb, ballt sich zu Tausenden von Steinteilchen zusammen: den Asteroiden. Da ihre Masse nicht ausreicht, daß die Schwerkraft sie zu Kugeln formt, besitzen sie unregelmäßige Formen. Ihre Größe variiert von einigen Millimetern bis zu einigen Kilometern Durchmesser. Sie bewegen sich heute auf Umlaufbahnen um die Sonne, die zwischen den Bahnen von Mars und Jupiter liegen, und bilden so den „Asteroidengürtel". Als sich das Sonnensystem bildete, schlugen sehr viele Asteroiden auf den neuentstandenen Planeten auf. Zahlreiche Mond- und Merkurkrater sind stumme Zeugen dieser Epoche. Auf der Erde hat die Erosion durch Regen, Flüsse, Gletscher und die Bewegungen der Kontinente alle Spuren aus dem frühen langen Zeitraum der Bombardierungen verwischt. Einige neuere Einschläge haben Narben hinterlassen: Im US-Bundesstaat Arizona kann man den Meteor-Krater bewundern, der vor

Jeden Tag treffen 300 Tonnen Himmelsgestein und -staub auf die Erde, wobei der Staub von Meteoriten stammt, die verbrennen, sobald sie in die Erdatmosphäre eintreten (links). Da die meisten der Meteoriten, die auf der Erde ankommen, klein und wenig massereich sind, richten sie keine schweren Schäden an. Dies war bei dem Meteoriten, der den Meteoritenkrater in Arizona verursacht hat, nicht der Fall (siehe unten). Bei einer Größe von ungefähr 50 m Durchmesser schlug er mit einer Geschwindigkeit von 40 000 km/h auf die Erde auf und riß einen Krater von 1 km Durchmesser auf. Die daraus resultierende Explosion war der Detonation einer 20 Megatonnen-Wasserstoffbombe vergleichbar.

ungefähr 30 000 Jahren durch den Einschlag eines Asteroiden in die Erdkruste entstand.

Von Zeit zu Zeit dringen winzig kleine Asteroiden, die Meteoriten, in die Erdatmosphäre ein. Die Reibung in der Atmosphäre läßt sie verglühen, so daß sie in sternklaren Nächten Feuerstreifen ziehen und so das wunderbare Schauspiel der Sternschnuppen bieten. Wenn sie auf der Erde aufschlagen, sind sie nur noch ausgeglühte Stein- oder Eisenbrocken. Einige werden in Laboratorien analysiert, in denen die Wissenschaftler anhand ihrer chemischen Zusammensetzung die Geschichte der Entstehung des Sonnensystems zu erkunden suchen.

Die rotglühende Lava, die durch den Schlund der Vulkane aus dem Erdinneren entweicht, besteht aus flüssigem Gestein. Ursprünglich war die Erde von ihr bedeckt. Die gewaltige Hitze der Vulkane stammt aus der Zeit, als die Erde von den Ur-Asteroiden bombardiert wurde und das Sonnensystem seine heutige Gestalt annahm. Das Erdinnere enthält übrigens radioaktive Atome, die zerfallen und ihre Wärme jener Wärme hinzufügen, die durch die Kollisionen mit den Ur-Asteroiden entstanden ist. Diese radioaktive Wärme entsteht ständig neu. Sie bewirkt das Auseinanderdriften der Kontinente, indem ihre Konvektionsströmungen die Kontinentalplatten ineinanderschieben und so ganze Bergketten auftürmen. So ist die Himalajakette das Ergebnis des Aufeinanderprallens der Indischen und Eurasischen Platte. An der Kante zwischen den Platten sind die Kompressionskräfte derart intensiv, daß sie die Erde beben lassen. Entlang des San Andreas Fault, wo die Nordamerikanische und die Pazifische Platte aufeinandertreffen, leben die Kalifornier ständig in Angst vor einem großen Erdbeben.

Die Geschichte vom Wasser und von der Sintflut

Nachdem der Planet Erde entstanden war, entwickelte sich erstes Leben auf ihm. Grundvoraussetzung für die Entstehung des Lebens war hier das Wasser, jenes Molekül, das, wie wir gesehen haben, in der Kälte des interstellaren Raumes im wesentlichen aus Bruchstücken toter Sterne fabriziert wurde.

Seit der Geburt der Sonne sind eine Milliarde Jahre vergangen. Die Erde, die von ausgedehnten glühenden Lavaströmen überzogen war, die von den vielen Vulkanen ausgestoßen wurden, hat sich erheblich abgekühlt. Während sie fester wird und sich ein Kontinentembryo bildet, dünstet die Lava gleichzeitig die großen Gasmengen aus, die in ihrem Inneren enthalten sind. Die Erde umhüllt sich mit einer Atmosphäre, die hundertmal mächtiger ist als

die heutige. Da die Uratmosphäre aus Wasserstoff, Ammoniak, Methan, Wasserdampf und Kohlensäure besteht, ist sie für Leben ungeeignet. Die Erde kühlt sich immer mehr ab und läßt das Wasser in der Uratmosphäre kondensieren. Wolkenbrüche überschwemmen die Erde und bedecken drei Viertel ihrer Oberfläche mit Ozeanen.

Das Geheimnis der Unsterblichkeit

Das Wasser spielt die Rolle des Katalysators für das Leben. Aufgrund seiner großen Lösungsfähigkeit kann es unzählige fremde Moleküle aufnehmen. Da es Millionen Milliarden milliardenmal dichter ist als der interstellare Raum, ist es der prädestinierte Ort für Begegnungen und Verbindungen. Es schützt seine Gäste vor den schädlichen Wirkungen energetischer

Wie das Leben auf unserem Planeten aus unbelebten Atomen, die im Inneren der Sterne produziert wurden, entstand, bleibt ein Geheimnis. Man weiß, daß das Wasser dabei eine wesentliche Rolle gespielt hat. Leben ist wahrscheinlich in der Uratmosphäre der Erde entstanden. Die amerikanischen Chemiker Stanley Miller und Harold Urey haben 1953 im Verlauf eines berühmten Experiments in ihren Reagenzgläsern die Erduratmosphäre nachgebildet: eine Mischung aus Ammoniak, Methan, Wasserstoff und Wasserdampf, die sie elektrischen Entladungen aussetzten, um Gewitter zu simulieren, die vor 4,6 Milliarden Jahren auf der Erde grollten. Nach einer Woche wurden die grundlegenden Moleküle des Lebens im Reagenzglas gefunden: die Aminosäuren. Miller und Urey waren auf dem richtigen Weg, aber es ist noch ein weiter Weg von den Aminosäuren bis zu den gewundenen DNS-Ketten (siehe nebenstehendes Modell) und ein noch weiterer Schritt bis zur Entwicklung des Menschen.

ultravioletter Strahlen der jungen Sonne, vor den gewaltigen elektrischen Entladungen und den leuchtenden Blitzen fortwährend tobender Gewitter.

In diesem günstigen Milieu verbinden sich die einfachen Moleküle der Uratmosphäre zu immer komplizierteren Gebilden. In einigen hundert Millionen Jahren sind mehrere Stufen der Komplexität erklommen. Zunächst erscheinen mehr als 20 Aminosäuren, Ansammlungen von etwa 30 Atomen. Diese reihen sich ihrerseits zu langen Ketten, den Proteinen. Später vereinen sich die Proteine, um jene Doppelhelix zu bilden, die von Molekülen aus Desoxyribonukleinsäure, endlosen Fäden aus mehreren Millionen Atomen, gewunden wird. Diese haben das Geheimnis der Unsterblichkeit entdeckt, da sie sich reproduzieren können. Sie sind die Träger des genetischen

Dieses ergreifende Bild der Erde, die im schwarzen Weltraum treibt, erinnert uns an ihre Einzigartigkeit und zugleich an ihre Zerbrechlichkeit. Einzigartig, weil die Erde der einzige Planet des Sonnensystems ist, der Ozeane besitzt, die ihm ein bläuliches Aussehen verleihen. Zerbrechlich, weil der Mensch vor kurzem begonnen hat, auf vielleicht irreversible Weise seine Umwelt drastisch zu verändern.

Codes aller Lebewesen. Als die kosmische Uhr 11,5 Milliarden Jahre schlägt, sind die Desoxyribonukleinsäureketten an der Reihe, sich zu Zellen zu verbinden, deren jede Millionen Milliarden Atome enthält. Bakterien und Blaualgen, einzellige Organismen, vermehren sich im Urozean schnell.

Die Entwicklung des Lebens

Drei Milliarden Jahre lang scheint die Natur stillzustehen, um dann vor 600 Millionen Jahren eine um so erstaunlichere Vielfalt von Lebensformen hervorzubringen. Die kosmische Uhr zeigt die Zeit von 14,4 Milliarden Jahren. Im Laufe des folgenden Zeitabschnitts von einigen hundert Millionen Jahren treten Quallen, Muscheln, Krustentiere und Fische in Erscheinung. 150 Millionen Jahre später bedeckt sich die Erde mit Pflanzen und Wäldern. Die Pflanzenarten verwandeln mit Hilfe der Sonnenenergie ihre Bausteine in Zucker und geben dabei Sauerstoff ab. Mit dieser Photosynthese ist ein weiterer wichtiger Schritt in der Entwicklung des Lebens vollzogen. Die Sauerstoffatome schließen sich zu Dreiergruppen zusammen, und das Ozon (O_3) entsteht. Es bildet sich eine Ozonschicht, die die schädlichen ultravioletten Strahlen der Sonne filtert. Dadurch ist es den Lebewesen erstmals möglich, den Lebensraum Wasser zu verlassen, um sich auf der Erdoberfläche auszubreiten. Vor 200 Millionen Jahren tauchen Vögel und

Dem englischen Naturforscher Charles Darwin zufolge ist die Evolution der lebenden Arten von der Urzelle zum Menschen vom Zufall der genetischen Mutationen unter dem Zwang der natürlichen Selektion bestimmt. Die Arten, die sich am besten an ihre Umwelt angepaßt haben, vermehren und vervollkommnen sich, während die anderen verschwinden. Um sich gegen ihre Feinde zu verteidigen, rüsten sich einige primitive Organismen mit einem Panzer aus. So entwickeln sich Muscheltiere und Weichtiere.

Reptilien auf. 50 Millionen Jahre vergehen, und die Dinosaurier treten auf, um nach 100 Millionen Jahren wieder zu verschwinden.

Vor ungefähr 20 Millionen Jahren erscheinen die Affen, und der erste Homo sapiens betritt vor ungefähr zwei Millionen Jahren die Bühne.

Ausgehend von einem mit Energie erfüllten Vakuum hat das Universum in 15 Milliarden Jahren Menschen aus 30 Milliarden Milliarden Milliarden Teilchen geschaffen, mit Gehirnen, die aus einigen 100 Milliarden Neuronen zusammengesetzt sind.

Das Auftauchen besser angepaßter Tierarten bedeutet nicht unbedingt die Vernichtung früherer Arten. In diesen Zeichnungen, die stilisierte Landschaften der frühen Jurazeit darstellen, kann man Ammoniten im Wasser, Libellen in der Luft und Säugetiere auf dem Land sehen.

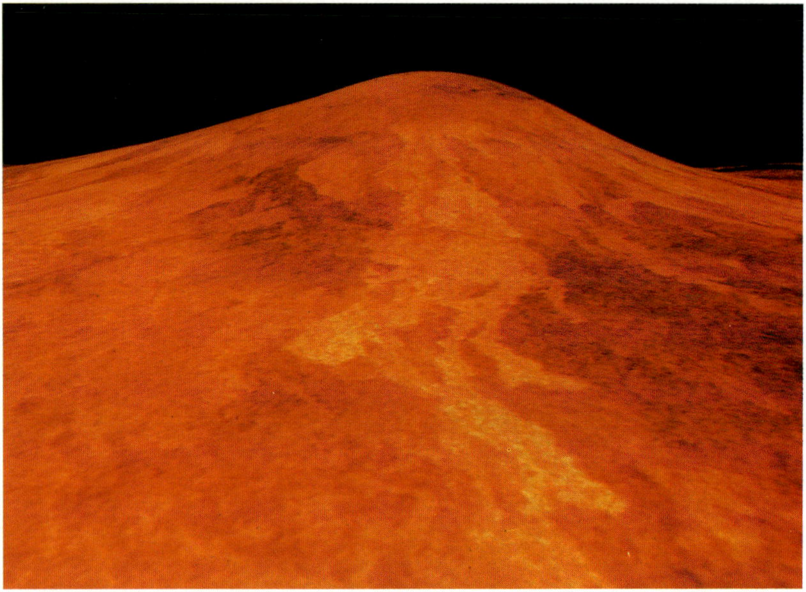

Eiseskälte und Bruthitze

Ist die Existenz von Leben auf die Erde beschränkt? Ist der Mensch das einzige intelligente Wesen im All? Unter den neun Planeten des Sonnensystems scheint die Erde wohl der einzige zu sein, der Leben birgt. Die Erforschung des Mars durch die amerikanischen „Viking"-Sonden hat weder zum Auffinden von Marsbewohnern noch zur Entdeckung von Organismen geführt, obwohl der Mars nach der Erde derjenige Planet im Sonnensystem ist, der für das Leben die besten Voraussetzungen besitzt. Die anderen Planeten geben auch nicht mehr Hoffnung, denn sie sind zu heiß oder zu kalt. Ihre Atmosphäre ist entweder erdrückend dicht oder zu dünn. Doch Leben ist zerbrechlich und empfindlich: Es benötigt eine für ihn angenehme Umwelt.

Jede Hypothese über außerirdisches Leben ist notwendigerweise von menschlichen Erfahrungen bestimmt, denn das einzige Beispiel, über das wir verfügen, ist das Leben auf der Erde selbst. Davon ausgehend ist die vollkommene Wiege für das Leben ein Planet, auf dem es genug Wasser gibt und eine Oberflächentemperatur zwischen 0 und 100 °C herrscht. Diese Voraussetzungen bedingen,

Das Wasser, das vor vier Milliarden Jahren in Fluten über die Oberfläche des Mars floß, ist verdampft und ließ nur Täler ausgetrockneter Flüsse zurück (unten). Glühende Lavaströme bahnten sich ihren Weg über die heiße Oberfläche der Venus (oben).

daß die Position belebter Planeten in bezug auf die Sonne sehr präzise abgestimmt und geregelt ist. Wäre die Erde jenseits der Entfernung des Jupiter entstanden, so wäre sie eine Welt voll Kälte, Frost und Eis geworden, das Leben hätte sich nicht entfalten können. Befände sie sich jedoch zu nahe an der Sonne, würde die Hitze ihre Atmosphäre verdampfen, und sie wäre wie Merkur, der glühende Planet, unfruchtbar und bar allen Lebens. Etwas weiter von der Sonne weg, etwa wie Venus, ermöglichte es ihr die weniger intensive Hitze, ihre Atmosphäre zu bewahren; die Temperatur wäre aber noch derart hoch, daß das Wasser nicht hätte kondensieren können.

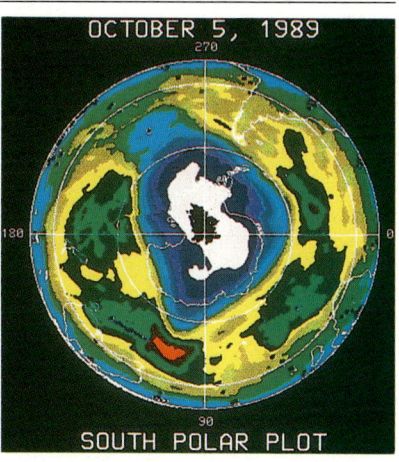

Da keine Ozeane existierten, um eine große Menge Kohlensäuregas aufzulösen, bliebe sie in die Uratmosphäre eingehüllt, die einen lebensfeindlichen „Treibhauseffekt" bewirken und den Planeten in einen Backofen verwandeln würde. Venus hat dieses Schicksal erlitten: Die Temperatur ihrer Oberfläche ist ungefähr 250 °C heißer als die Temperatur kochenden Wassers. Unter den neun Planeten des Sonnensystems hat allein die Erde den erforderlichen Abstand, um bewohnbar zu sein.

Die Suche nach der Vielzahl der Welten

Soll dies aber heißen, daß der Mensch im Universum allein ist? Das scheint ziemlich unwahrscheinlich zu sein. Das überschaubare Universum birgt immerhin 100 Milliarden Galaxien, von denen jede 100 Milliarden Sterne

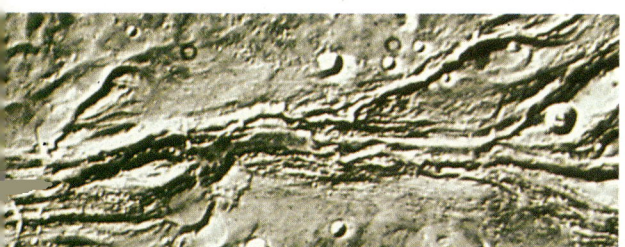

Der Mensch und seine Technik stören allmählich ernsthaft das Gleichgewicht der Biosphäre. Die Ozonschicht, die uns vor den schädlichen Auswirkungen der ultravioletten Sonnenstrahlen schützt, ist vor kurzem über der Antarktis aufgerissen (oben). Wissenschaftler gehen davon aus, daß dieses Loch, das sich mit der Zeit zu vergrößern scheint, das Ergebnis des Zusammenwirkens von Ozon mit komplexen Molekülen, den Fluorchlorkohlenwasserstoffen (FCKW), ist, die z. B. in der Kühltechnik eingesetzt werden. Wenn der Mensch nicht schnellstmöglich deren Produktion stoppt, wird sich die Rate der Hautkrebserkrankungen vervielfachen und Leben auf der Erde schließlich nicht mehr möglich sein.

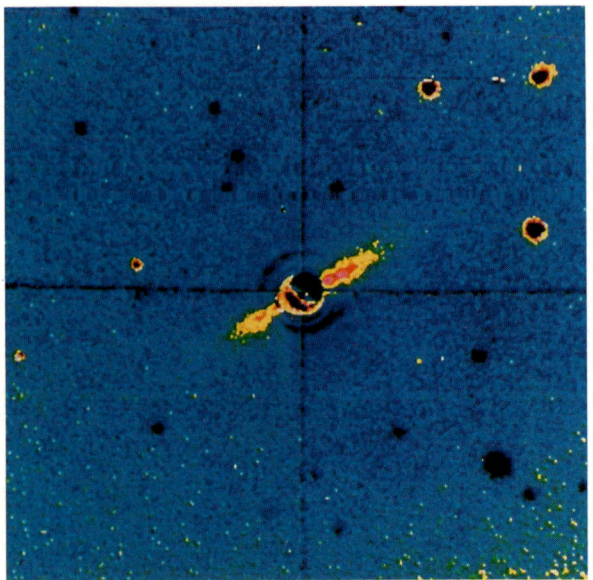

Dieser Stern (Kreis in der Mitte) ist von einer Staubscheibe umgeben, die in Infrarot kräftig strahlt und die derjenigen ähnelt, aus der unser Sonnensystem entstanden ist. Man sieht die Scheibe von der Kante aus, was ihr eine geradlinige Form verleiht. Sie ist sehr jung, da sie sich vielleicht erst vor einigen hundert Millionen Jahren gebildet hat. Wird einer der Planeten, die um β Pictoris entstehen werden, die Heimat neuen Lebens?

umfaßt. Wenn jeder Stern, wie unsere Sonne, ein Gefolge von ungefähr zehn Planeten besäße, gäbe es 100 000 Milliarden Milliarden (10^{23}) Planeten im Universum. Wenn unsere Stellung im Weltraum und in der Zeit nichts Außergewöhnliches an sich hat, warum sollte man dann das irdische Leben für außergewöhnlich halten?

Für die heutigen Astronomen gehört die Suche nach der Vielzahl von Welten – Planeten wie unseren eigenen – nicht mehr nur in den Bereich der Science-fiction. Ernsthafte Anstrengungen werden unternommen, um hier fündig zu werden. Aber wo und wie suchen? Eine erste Taktik gleicht der eines Schiffbrüchigen, der eine Flasche ins Meer wirft: Man sendet interstellare Sonden aus, die Botschaften tragen. Die zwei ersten Apparate, die vom Menschen konstruiert wurden, um das Sonnensystem zu verlassen, die Raumsonden „Pioneer 10" und „11", haben eine Aluminiumplakette an Bord, die einen Mann und eine Frau zeigt und den Platz der Erde in der Milchstraße für jene Außerirdischen markiert, die uns besuchen möchten. Die zwei nachfolgenden interstellaren Sonden „Voyager 1" und „2" haben eine Bildplatte mit Bildern vom Leben auf der Erde und eine Langspielplatte aus Kupfer an Bord, auf der einige charakteristische Klänge und Geräusche unseres Planeten festgehalten sind: von einer Beethoven-Symphonie über Jazzmusik bis hin zum Laut eines menschlichen Kusses.

Dieses Mittel der Kommunikation ist freilich nicht ideal. Obwohl sie sich schon viel schneller als jedes andere irdische Gefährt bewegen, brauchen sie ungefähr 40 000 Jahre, bis sie den nächstgelegenen Stern erreichen.

Die Erde spricht zum Kosmos.

Um mit möglichen Außerirdischen in Verbindung zu treten, ist es wirkungsvoller, Radiosignale auszusenden oder abzuhören. Die Botschaften reisen dann mit der Geschwindigkeit des Lichtes,

Selbst wenn diese Schallplatte niemals zu einem Außerirdischen gelangen wird, so hat sie doch bereits das Bewußtsein zahlreicher Menschen dafür geweckt, daß möglicherweise eine außerirdische Intelligenz existiert.

der größtmöglichen Geschwindigkeit im Weltraum. An Stelle von 40 000 Jahren würden die Radiobotschaften nur vier Jahre benötigen, um den Raum zu durchqueren, der uns vom nächsten Stern trennt. Wohin aber soll man Signale aussenden, von wo und auf welcher Frequenz nach entsprechenden Signalen lauschen angesichts der Vielzahl von Planeten, Sternen und Galaxien des Weltalls?

Die erste und bisher einzige irdische Botschaft wurde 1974 vom größten Radioteleskop der Erde, dem Arecibo-Spiegel in Puerto Rico ausgesandt. Das Ziel war der Kugelhaufen M 13, eine kugelförmige Anordnung von 300 000 Sternen, die durch die Schwerkraft aneinandergebunden sind. Damit hofft man, auf einmal eine große Anzahl von potentiellen außerirdischen Zuhörern zu erreichen. Man strahlte die Botschaft mit der Frequenz des Wasserstoff-

Die Plaketten an Bord von „Pioneer 10" und „11" (auf der linken Seite, Mitte) haben in den Vereinigten Staaten amüsante Kontroversen ausgelöst. Die Feministinnen haben sich beklagt, daß allein der Mann seinen Arm als Zeichen des Grußes erhoben hat. Die Autoren entgegneten, daß die Darstellung der Frau mit ebenfalls erhobenem Arm die Außerirdischen zu der Auffassung führen könnte, daß dies die natürliche Haltung der Menschen sei.

atoms ab und argumentierte folgendermaßen: Da Wasserstoff drei Viertel der Masse des Universums ausmacht, müßten die Außerirdischen genauso wie wir mit seiner Frequenz vertraut sein. Der Inhalt der Botschaft: Die Ziffern 1 bis 10, die Atomgewichte von einigen Grundelementen, die chemische Formel von Desoxyribonukleinsäure und die Darstellung des Sonnensystems. Gegenwärtig bewegt sich die Botschaft noch immer auf den Kugelhaufen zu und wird ihn erst in 24 000 Jahren erreichen.

In der Raumstation „Freedom" sollen sich zukünftige Generationen an die Schwerelosigkeit anpassen und sich auf Expeditionen zum Mars und zu anderen Planeten vorbereiten.

In dem Augenblick, in dem die Botschaft empfangen wird, würde eine außerirdische Zivilisation in M 13, die ein Radioteleskop auf die Sonne richtete, während drei Minuten deren Radiointensität um das Millionenfache ansteigen sehen. Doch selbst wenn sich unsere außerirdischen Gesprächspartner beeilen würden, uns zu antworten, würde die Antwort nicht vor 48 000 Jahren die Erde erreichen.

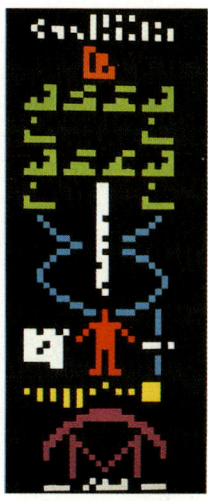

Der Empfang steht auf „außerirdisch".

1992 hat die NASA beschlossen, ein Lauschprogramm mit zwei bestimmten Frequenzen für 1000 Sterne, die der Sonne ähnlich sind, auf den Weg zu bringen. Nach dem Zufallsprinzip wird der Himmel auf mehreren Millionen Frequenzen durchforstet, um nach möglichen künstlichen Signalen zu suchen, die von einer entfernten Zivilisation abgestrahlt wurden. Der Tag, an dem die beunruhigende Stille des Kosmos endlich gebrochen sein wird, wird einen wichtigen Wendepunkt in der Geschichte der Menschheit markieren. Die Gewißheit, nicht mehr allein im Kosmos zu sein, würde der Menschheit einen neuen Stellenwert verleihen und vielleicht sogar helfen, die Eigenart des menschlichen Wesens besser zu verstehen.

Das Radioteleskop von Arecibo, das in einem natürlichen Talkessel auf Puerto Rico erbaut wurde und einen Durchmesser von 305 m hat, ist das größte „Hörrohr" der Erde. Da das Teleskop im Boden verankert ist, kann es nur Himmelsobjekte, die nahe dem Zenit sind, beobachten. Durch die Rotation der Erde ziehen diese über dem Teleskop hinweg. Die Botschaft, die im Jahre 1974 auf der Frequenz von 2380 MHz von diesem Teleskop ausgesendet wurde, war einmillionmal stärker als die Ausstrahlung der Sonne auf dieser Frequenz und könnte in einem Radius von mehreren tausend Lichtjahren von außerirdischen Teleskopen aufgefangen werden, wenn deren Empfangsstärke derjenigen des Teleskops von Arecibo vergleichbar ist.

D er Mensch stellt in der Entwicklung des Universums nur einen winzigen Augenblick dar. Wäre diese ganze Geschichte zu einem einzigen Jahr komprimiert, so hätte der Urknall am 1. Januar stattgefunden, die Milchstraße hätte sich am 1. April ausgebildet und das Sonnensystem am 9. September. Darwins Evolution der Arten hätte in der zweiten Dezemberhälfte stattgefunden.

9. Oktober: erste strukturierte Lebensspuren (Einzeller), Algen und Pilze

1. November: die ersten mehrzelligen Tierstämme

19. Dezember: die ersten Wirbeltiere (Fische)

20. Dezember: die ersten Landpflanzen

21. Dezember: die ersten Insekten

23. Dezember: die ersten Reptilien

24. Dezember: die ersten Dinosaurier

26. Dezember: die ersten Säugetiere

27. Dezember: die ersten Vögel

28. Dezember: Aussterben der Dinosaurier

Die ganze Geschichte der Spezies Mensch spielte sich am Abend des 31. Dezember ab:

22 : 30: die ersten Menschen

23 : 59: Stonehenge

23 : 59 : 50: ägyptische Kultur

23 : 59 : 55: Geburt Buddhas

23 : 59 : 56: Geburt Christi

23 : 59 : 59: Renaissance in Europa

Mitternacht: Theorie des Big Bang und Relativitätstheorie, Eroberung des Weltraums.

1. Januar –

an diesem oder jenem Phänomen interessiert. Ich möchte bis in die Tiefe

seines Denkens eindringen. Alles andere sind nur Einzelheiten.

Albert Einstein

War Newtons Universum noch statisch, so wird es bei Einstein dynamisch: Der Raum und die Zeit können sich ausdehnen und zusammenziehen. Zudem krümmt sich der Raum unter der Wirkung der Schwerkraft. Nach Newton kreist der Mond um die Erde, weil die Schwerkraft sie zusammenhält.

In Einsteins Universum gibt es keine Kräfte mehr. Der Mond folgt seiner elliptischen Bahn, da sich diese im Raum, der durch die Gravitation der Erde seine Krümmung erhält, als einzig mögliche erweist. Heute ist die Relativitätstheorie die beste Beschreibung des bekannten Weltalls.

Albert Einstein veröffentlicht nach langen Berechnungen im Jahre 1916 seine Theorie der universellen Schwerkraft, die als allgemeine Relativitätstheorie bezeichnet wird. Sie ersetzt jene von Newton und stellt eines der harmonischsten intellektuellen Bauwerke dar, das je vom menschlichen Geist geschaffen wurde.

ZEUGNISSE UND DOKUMENTE

Vom heliozentrischen Weltbild zum Urknall

Zu allen Zeiten hat der Mensch versucht, die Architektur des Kosmos zu ergründen. Doch alle Überlegungen und Entwürfe, angefangen von denen der griechischen Philosophen und Naturwissenschaftler bis hin zu den modernen computergestützten Modellen unseres Planetensystems der Milchstraße und des Universums, lassen bis heute noch Fragen offen.

Astronom Ptolemäus und die Muse der Astronomie

Aristarch: Der Kopernikus der Antike

Der griechische Philosoph Aristarch lebte von 287–212 v. Chr. auf der Insel Samos. Von seinen Werken ist nur ein kurzer Text über die relativen Größen von Erde, Mond und Sonne überliefert. Kenntnis von seinem Weltbild haben wir durch einen Bericht des Mathematikers Archimedes: Er nahm an, daß die kleinere Erde die größere Sonne umkreist, und wurde damit zum berühmtesten Vorläufer des Nikolaus Kopernikus.

Du bist darüber unterrichtet, daß von den meisten Astronomen als Kosmos die Kugel bezeichnet wird, deren Zentrum der Mittelpunkt der Erde und deren Radius die Verbindungslinie der Mittelpunkte der Erde und der Sonne ist. Dies nämlich hast du aus den Abhandlungen der Astronomen gehört. Aristarch von Samos jedoch gab die Erörterungen gewisser Hypothesen heraus, in welchen aus den gemachten Voraussetzungen erschlossen wird, daß der Kosmos ein Vielfaches der von mir angegebenen Größe sei. Es wird nämlich von ihm angenommen, daß die Fixsterne und die Sonne unbeweglich seien, die Erde sich um die Sonne, die in der Mitte der Erdbahn liege, in einem Kreise bewege, die Fixsternsphäre aber, deren Mittelpunkt im Mittelpunkt der Sonne liege, so groß sei, daß die Peripherie der Erdbahn sich zum Abstande der Fixsterne verhalte wie der Mittelpunkt der Kugel zu ihrer Oberfläche. Es ist klar, daß dies unmöglich ist. Da nämlich der Mittelpunkt der Kugel gar keine Größe hat, so kann auch von keinem Verhältnis dieses Mittelpunktes zur Oberfläche der Kugel die Rede sein. Es ist jedoch anzunehmen, daß Aristarch hiermit, da wir sozusagen die Erde als den Mittelpunkt der Welt bezeichnen, folgendes sagen will: Dasselbe Verhältnis, das die Erde zu der oben uns als Kosmos bezeichneten Kugel hat, hat die Kugel, deren größter Kreis die Bahn der Erde um die Sonne ist, zur Fixstern-Sphäre. Denn in solcher Weise baute er auf seinen Voraussetzungen seine Schlüsse auf, und vor allem scheint er die Größe der Kugel, auf deren Oberfläche er die Erde sich bewegen läßt, so groß anzunehmen, wie den von uns so genannten Kosmos. Wir behaupten nun: Auch wenn wir uns eine Kugel aus Sand, die so groß ist wie die von Aristarch angenommene Fixstern-Sphäre, vorstellen, so lassen sich von den von uns genannten Zahlen solche angeben, die so groß sind, daß sie die Zahl der Sandkörner jener Kugel übertreffen.

Archimedes:
„Aristarchs Hypothese eines heliozentrischen Universums"
(3. Jh. v. Chr.)

Kopernikus: Die Erde bewegt sich um die Sonne

Der ermländische Kanonikus und Arzt Nikolaus Kopernikus (1473 – 1543) beschäftigte sich Zeit seines Lebens mit einem verbesserten Modell der Planetenbewegung, das über das seit der Spätantike im ganzen Mittelalter akzeptierte Weltsystem des Claudios Ptolemäus (um 100 n. Chr.) hinausging. Im ptolemäischen Weltsystem bewegten sich Sonne, Mond und Planeten um die Erde, wobei zur Erklärung der „rückläufigen" Planetenbewegungen die Planeten auf kleineren Kreisen, den Epizyklen, laufen muß-ten, deren Mittelpunkte sich ihrerseits auf Kreisbahnen um die Erde bewegten. Kopernikus fand eine gewisse Vereinfachung, indem er annahm, daß die Erde, wie auch die anderen Planeten, sich in Kreisbahnen um die Sonne bewegten.

Die erste und höchste von allen Sphären ist diejenige der Fixsterne, sich selbst und alles enthaltend und daher unbeweglich, als der Ort des Universums, auf welchen die Bewegung und Stellung aller übrigen Gestirne bezogen wird. Während nämlich einige meinen, daß auch diese sich einigermaßen verändern, so werden wir bei der Ableitung der irdischen Bewegung eine andere Ursache für diese Erscheinung darlegen. Es folgt der erste Planet, Saturn, welcher in 30 Jahren seinen Umlauf vollendet; hierauf Jupiter mit einem zwölfjährigen Umlauf; dann Mars, welcher in 2 Jahren seine Bahn durchläuft. Die vierte Stelle in der Reihe nimmt der jährliche Kreislauf ein, in welchem die Erde mit der Mondbahn, als Epizyklus, enthalten ist. An fünfter Stelle kreist Venus in neun Monaten. Die sechste Stelle nimmt Merkur ein, der in einem Zeitraum von achtzig Tagen seinen Umlauf vollendet. In der Mitte aber von allen steht die Sonne. Denn wer möchte in diesem schönsten Tempel diese Leuchte an einen andern oder bessern Ort setzen, als von wo aus sie das Ganze zugleich erleuchten kann, wenn anders nicht unpassend einige sie die Leuchte der Welt, andere die Seele, noch andere den Regierer nennen? Trismegistus nennt sie den sichtbaren Gott, Elektra bei Sophokles den alles Sehenden. So lenkt in der Tat die Sonne, auf dem königlichen Throne

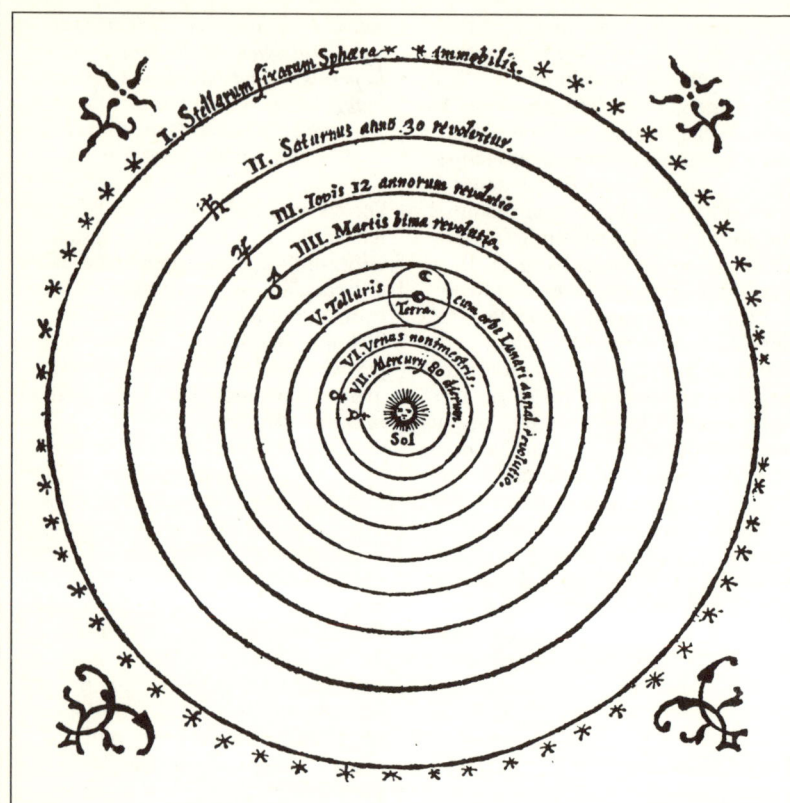

I. Stellarum fixarum Sphæra ⁕ ⁕ immobilis ⁕

II. Saturnus annis 30 revolvitur

III. Jovis 12 annorum revolutio

IIII. Martis bima revolutio

V. Telluris — Terra — cum orbe Lunari annuâ revolutio

VI. Venus nonimestris

VII. Mercury 80 dierum

Sol

**Das kopernikanische Weltsystem:
Um die Sonne als Zentrum bewegen sich
die Planeten in Kreisbahnen.**

sitzend, die sie umkreisende Familie
der Gestirne. Auch wird die Erde nicht
des Dienstes des Mondes beraubt, sondern, wie Aristoteles in „De animali-
bus" sagt, der Mond hat zur Erde die
größte Verwandtschaft. Indessen emp-
fängt die Erde von der Sonne und
wird schwanger mit jährlicher Geburt.
Wir finden also in dieser Anordnung

eine bewunderungswürdige Harmonie
der Welt, und einen zuverlässigen, har-
monischen Zusammenhang der Bewegung und Größe der Bahnen, wie er
anderweitig nicht gefunden werden
kann. Denn hier kann der eingehende
Beobachter bemerken, warum das Vor-
und Zurückgehen beim Jupiter größer
erscheint als beim Saturn und kleiner
als beim Mars und wiederum bei der

Venus größer als beim Merkur; und warum ein solcher Rückgang beim Saturn häufiger erscheint als beim Jupiter, seltener beim Mars und bei der Venus als beim Merkur. Außerdem warum Saturn, Jupiter und Mars, wenn sie des Abends aufgehen, der Erde näher sind als bei ihrem Verschwinden und Wiedersichtbarwerden. Vorzüglich aber scheint Mars, wenn er des Nachts am Himmel steht, an Größe dem Jupiter gleich zu sein, indem er sich nur durch die rötliche Farbe unterscheidet; bald darauf wird er unter den Sternen zweiter Größe gefunden, erkannt durch sorgfältige Beobachtung am Sextanten. Und dieses alles ergibt sich aus derselben Ursache, welche in der Bewegung der Erde liegt. Daß aber an den Fixsternen nichts von derselben zur Erscheinung kommt, beweist ihre unermeßliche Entfernung, welche selbst die Bahn der jährlichen Bewegung oder deren Abbild für unsere Augen verschwinden läßt, weil alles Sichtbare eine gewisse Entfernung als Grenze hat, über welche hinaus es nicht gesehen werden kann, wie das in der Optik bewiesen wird. Daß nämlich zwischen dem höchsten Planeten, dem Saturn, und der Fixsternsphäre noch sehr vieles liegt, beweist der funkelnde Glanz der Fixsterne, durch welche Eigenschaft sie sich von den Planeten am meisten unterscheiden; wie denn zwischen Bewegtem und Unbewegtem der größte Unterschied bestehen muß. So groß ist in der Tat diese göttliche, beste und größte Werkstatt.

Nikolaus Kopernikus:
„Über die Ordnung der Himmelskreise"
(1543)

Kepler: Die Gesetze der Planetenbewegung

Der schwäbische Astronom Johannes Kepler (1571–1630) fand bei der Auswertung der Marsbeobachtungen seines Vorgängers im Amt des kaiserlichen Hofmathematikus, des Dänen Tycho Brahe (1546–1601), die wahre Form der Planetenbahnen: Es sind Ellipsen, in deren einem Brennpunkt sich die Sonne befindet, wobei sich die Planeten in Sonnennähe schneller bewegen als in Sonnenferne. Diese Entdeckung ist in den ersten beiden Gesetzen der Planetenbewegung niedergelegt, die 1609 in Keplers Buch „Neue Astronomie" enthalten sind. Einige Jahre später fand er das dritte Gesetz, das die Planetenabstände von der Sonne mit ihren Umlaufzeiten in Verbindung bringt und das in seinem Buch „Die Harmonie der Welt" (1619) beschrieben ist, aus dem der folgende Auszug stammt.

Keplers Modell einer Planetenbahn

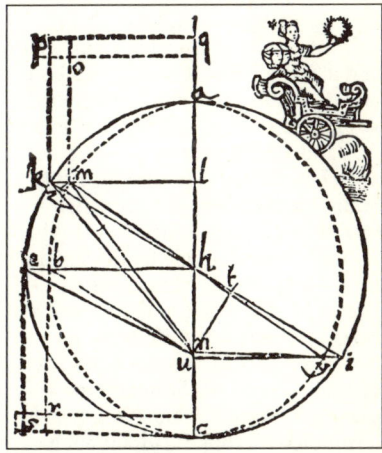

Um zu den Bewegungen zu kommen, aus deren Wirken die Harmonien hervorgehen, erinnere ich den Leser daran, wie ich in meinen „Denkschriften zur Lehre vom Mars" aus den zuverlässigsten Beobachtungen des Brahe nachgewiesen habe, daß die täglichen Bögen, die in einem und demselben exzentrischen Kreise gleich sind, doch nicht mit gleicher Geschwindigkeit durchmessen werden; sondern diese verschiedenen Aufenthalte in den gleichen Abschnitten eines exzentrischen Kreises beobachten das Verhältnis ihrer Abstände von der Sonne, der Quelle aller Bewegung. Und umgekehrt: nimmt man die Zeiten gleich an, ich meine für einen gewöhnlichen Tag, dann verhalten sich die ihnen entsprechenden wahren täglichen Bögen einer einzigen exzentrischen Bahn umgekehrt wie die beiden Abstände von der Sonne.

Ferner habe ich bewiesen: die Bahn eines Wandelsternes ist eine Ellipse, und die Sonne, die Quelle der Bewegung, liegt in einem der beiden Brennpunkte dieser Ellipse. Daher kommt es, daß ein Wandelstern, wenn er den vierten Teil seines ganzes Umlaufes, von der größten Sonnenferne aus gemessen, zurückgelegt hat, einen Abstand von der Sonne erreicht, der zwischen der größten und kleinsten Sonnenferne genau die Mitte hält. Aus diesen beiden Lehrsätzen ergibt sich: die mittlere tägliche Bewegung eines Gestirnes im exzentrischen Kreise ist gleich dem wahren täglichen Bogen für jene Zeitabschnitte, in denen das Gestirn am Ende des Kreisviertels des von der Sonnenferne an gezählten exzentrischen Kreises steht, wenn dieser wahre Quadrant auch

Der schwäbische Astronom Johannes Kepler

kleiner zu sein scheint, als der beobachtete. (…)

Bisher behandelten wir die einzelnen Aufenthalte oder die Bögen eines und des selben Gestirnes. Nun müssen wir die Beziehungen zwischen den Bewegungen je zweier Gestirne erörtern. (…)

Aber die Sache ist völlig sichergestellt und unbedingt zuverlässig: die Umlaufzeiten je zweier Wandelsterne verhalten sich haarscharf, wie die drei halbten Potenzen ihrer mittleren Entfernungen, also auch ihrer Bahnen selbst. (…) Demnach: wenn jemand aus einer Umlaufzeit, z. B. der Erde, die bekanntlich ein Jahr ausmacht und aus der Umlaufzeit des Saturn, die 30 Jahre beträgt, das dritteilige Verhältnis nimmt (die Kubikwurzel) und dieses Maßverhältnis verzwiefacht (die Wurzeln zum Quadrat erhebt), so gewinnt er in den herauskommenden Ziffern das völlig richtige Verhältnis der

Sonnenabstände von Erde und Saturn. Denn die Kubikwurzel von 1 ist 1, ihr Quadrat wiederum 1; und die Kubikwurzel von 30 ist etwas größer als 3, also ihr Quadrat etwas größer als 9. Tatsächlich ist Saturn in seinem mittleren Abstande von der Sonne beiläufig 9 mal soviel von ihr entfernt, als die Erde.

Johannes Kepler:
„Die Harmonie der Welt"
(1619)

Newton: Das Gravitationsgesetz

Der englische Naturwissenschaftler Isaac Newton (1643 – 1727) fand heraus, daß sich die Keplerschen Gesetze aus einem Gesetz der allgemeinen Schwerkraft ableiten lassen, das besagt, daß sich Körper proportional ihrer Masse und umgekehrt proportional dem Quadrat ihres Abstandes anziehen. So konnte Newton die Bewegung von Wurfgeschossen auf der Erde, die Bahn des Mondes um die Erde und die Bahnen von Planeten und Kometen um die Sonne berechnen. Diese Untersuchungen, zusammen mit der Entwicklung der Differential- und Integralrechnung, sind in seinem Buch „Die mathematischen Prinzipien der Naturphilosophie" (1687) zusammengefaßt, das er auf Drängen seines Freundes, des Astronomen Halley, schrieb. Newton nahm an, daß auch die Sterne dem Gesetz der Schwerkraft unterworfen sind, und formulierte die folgenden Gedanken zur Sternentstehung in einem Brief an den Geistlichen Richard Bentley:

Als ich meine Abhandlung über unser Weltsystem schrieb, hatte ich mein Augenmerk auf solche Prinzipien gerichtet, die bei nachdenklichen Menschen etwas zum Glauben an eine Gottheit beitragen könnten. Und nichts kann mich mehr erfreuen, als daß sie sich für dieses Vorhaben als nützlich erwiesen hat. Aber wenn ich der Welt auf diese Weise einen Dienst erwiesen habe, so ist dies lediglich dem Fleiß und geduldigen Nachdenken zuzuschreiben.

Was Ihre erste Frage betrifft, so scheint es mir, daß sich unter den Annahmen, daß die Materie unserer Sonne und der Planeten und alle Materie des Universums gleichmäßig über alle Himmel verteilt wäre und daß jedes Teilchen eine natürliche Schwere in bezug auf alle übrigen besitze und daß der ganze Raum, über den diese Materie verteilt ist, endlich sei, die Materie in den äußeren Teilen des Raumes infolge ihrer Schwere gegen die Materie im Inneren hinstreben und infolgedessen in die Mitte des ganzen Raumes fallen und dort eine einzige große kugelförmige Masse bilden müsse. Wenn die Materie aber gleichmäßig über einen unendlich großen Raum verteilt wäre, so könnte sie sich niemals in einer einzigen Masse vereinigen. Einiges würde sich dann vielmehr zu dieser Masse vereinigen und einiges zu einer anderen, so daß eine unbegrenzte Zahl von großen Massen entstehen würde, die über diesen ganzen unendlichen Raum in großen Abständen voneinander zerstreut sein würden. Auf diese Weise könnten sich wohl die Sonne und die Fixsterne gebildet haben, vorausgesetzt, daß die Materie von leuchtender Natur gewesen wäre.

Isaac Newton an Richard Bentley:
(10. Dezember 1692)

Herschel: Ein Musiker bestimmt den Aufbau der Milchstraße

Der Organist und Amateurastronom Friedrich Wilhelm Herschel (1738–1822) wanderte von Hannover nach England aus. Dort begann er Spiegelteleskope zu bauen und wurde durch die Entdeckung des Planeten Uranus schlagartig berühmt. Mit königlicher Unterstützung baute er immer größere Teleskope, zählte in verschiedenen Himmelsarealen die Sterne der Milchstraße und suchte den Himmel nach „Nebelflecken" ab. Aus den Sternzählungen entwickelte er ein Milchstraßenmodell, das einer abgeplatteten Scheibe ähnelt. Ein großer Teil der von ihm entdeckten Nebel sind Galaxien – Sternsysteme wie unsere eigene Milchstraße. Für die Zeitschrift „Philosophical Transactions" schrieb er 1785 einen Beitrag „Über den Bau des Himmels", aus dem die folgenden Auszüge stammen:

Durch fortgesetzte Beobachtung des Himmels mit meinem neulich verfertigten und seit dieser Zeit erheblich verbesserten Instrument bin ich nun in der Lage, einige Punkte, für die ich bislang nur ungenügende Unterlagen hatte, beweiskräftiger darzustellen und darüber hinaus einige weitere Andeutungen zu machen, wie sie sich mir heute darstellen. (...)

Die Annahme, daß die Milchstraße eine sehr ausgedehnte Schicht von Sternen verschiedener Größe ist, läßt nicht länger den geringsten Zweifel zu; und daß unsere Sonne wirklich einer von den Himmelskörpern ist, die zu derselben gehören, ist ebenso augenscheinlich. Nun habe ich diesen schimmernden Gürtel fast nach allen Richtungen hin durchmustert und geeicht und gefunden, daß die Zahl der Sterne, aus denen er zusammengesetzt ist, nach Maßgabe dieser Eichungen stetig im gleichen Verhältnis wie ihre scheinbare Helligkeit für das bloße Auge ab- bzw. zunimmt. Um aber die Vorstellungen über das Universum, die durch meine früheren Beobachtungen nahegelegt wurden, zu entwickeln, wird es am besten sein, einen Standpunkt zu wählen, der sowohl räumlich wie zeitlich in beträchtlicher Ferne gelegen ist. (...)

Nehmen wir die Längen der Gesichtslinien, welche den Eichungen entsprechen, und legen Linien, die denselben proportional sind, um einen Punkt herum, entsprechend den ihnen zugehörigen geraden Aufsteigungen und Abständen vom Himmelspol, so können wir einen Körper abstecken mittels der Enden dieser Linien, die uns genügend Punkte der Oberfläche desselben geben. Zunächst werde ich mich jedoch nur mit einem Schnitt durch denselben begnügen. Ich habe jenen genommen, welcher durch die Pole unseres Systems geht und rechtwinklig auf der Verbindungslinie der beiden Zweige steht, welche ich die Länge unseres Systems genannt habe. Der Name „Pole" schien mir nicht unzweckmäßig auf jene Punkte angewandt, welche 90° von einem Kreise abstehen, der durch die Milch-

Eines von W. Herschels Modellen des Milchstraßensystems, hier dargestellt als mit Sternen erfülltes quaderförmiges Gebilde mit einer Verzweigung. Das am Rand dargestellte Band illustriert den Anblick der Milchstraße von einer zentralen Position S, der Lage der Sonne, innerhalb des Quaders aus.

straße geht; den Nordpol habe ich bei 186° gerader Aufsteigung, 58° Polardistanz angenommen. (…)

In der Figur sind die Sterne am Rande, die ich größer als die übrigen gezeichnet habe, diejenigen, auf welche sich die Eichungen beziehen. Die Zwischenräume sind mit kleineren Sternen ausgefüllt, die in geraden Linien zwischen den geeichten angeordnet sind.

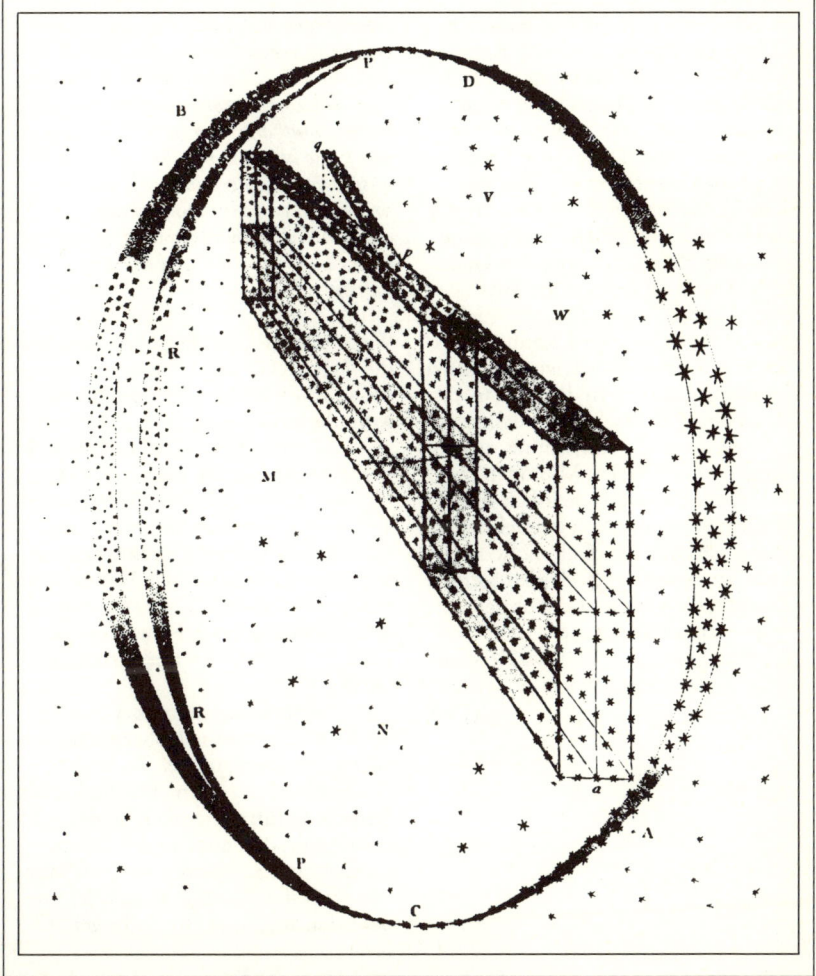

Die abgesteckten Punkte sind, obwohl ziemlich zahlreich, nicht so dicht, wie man wünschen möchte; es ist indessen zu hoffen, daß künftig einmal dieses Gebiet der Astronomie mehr bearbeitet werden wird, so daß wir Eichungen wenigstens für jeden Viertelgrad des Himmels bekommen, und zwar solche, die öfters und unter den günstigsten Umständen wiederholt worden sind. Sollte dieses wirklich einmal der Fall sein, so kann die Absteckung noch einmal mit aller Genauigkeit wiederholt werden, die durch lange Erfahrung erzielt werden wird; denn da dieses Vorhaben ganz neu ist, sehe ich das hier bruchstückhaft Vorgetragene nur als ein Beispiel an, um den Geist der Methode zu beleuchten. Aus dieser Figur, die, wie ich hoffe, nicht ganz ungenau sein wird, können wir sehen, daß unser Nebel, wie wir vorher festgestellt haben, von der dritten Form ist, das heißt eine sehr ausgedehnte, sich verzweigende Anhäufung, zusammengesetzt aus vielen Millionen Sternen, die höchstwahrscheinlich ihren Ursprung ebensovielen beträchtlich großen als auch ziemlich dicht zusammengedrängten kleinen Sternen verdankt, die vielleicht die übrigen zusammengezogen haben.

William Herschel:
„Bau und Bildung des Weltalls"
(1785)

Einstein: Der Weltraum ist gekrümmt

Albert Einstein (1879 – 1955), der Schöpfer der speziellen und der allgemeinen Relativitätstheorie, gehört mit Newton zu den Genies der Wissenschaft. Eine erste Anwendung der allgemeinen Relativitätstheorie versucht der Frage auf den Grund zu gehen, warum das Weltall, in dem sich alle Körper durch die Schwerkraft anziehen, nicht zusammenstürzt. Seine Schlußfolgerung ist: Das Weltall ist nicht, wie Newton annahm, unendlich ausgedehnt, sondern in sich gekrümmt, und es gibt eine Abstoßungskraft, die dem Weltraum innewohnt, so daß er in der Lage ist, stabil und in Ruhe zu sein.

Wenn man sich die Frage überlegt, wie die Welt als Ganzes etwa zu denken sei, so ist die nächstliegende Antwort wohl diese. Die Welt ist räumlich (und zeitlich) unendlich. Allenthalben gibt es Sterne, so daß die Dichte der Materie zwar im einzelnen sehr verschieden, aber im großen Durchschnitt überall dieselbe ist. Anders ausgedrückt: Wie weit man auch durch den Weltraum reisen mag, überall findet sich ein loses Gewimmel von Fixsternen von etwa der gleichen Art und gleichen Dichte. (…)

Die Spekulationen über den Bau der Welt bewegten sich aber auch noch nach einer ganz anderen Richtung. Die Entwicklung der nichteuklidischen Geometrie führte nämlich zu der Erkenntnis, daß man an der Unendlichkeit unseres Raumes zweifeln kann, ohne mit den Denkgesetzen oder mit der Erfahrung in Kollision zu geraten. (…)

Wir denken uns zunächst ein zweidimensionales Geschehen. Flache Geschöpfe mit flachen Werkzeugen, insbesondere flachen starren Meßstäbchen seien in einer Ebene frei beweglich. Außerhalb dieser Ebene existiere für sie nichts, sondern es sei das Geschehen in ihrer Ebene, welches sie an sich selbst und ihren flachen Dingen beobachten, ein kausal geschlossenes. (...)

Die Welt dieser Wesen ist im Gegensatz zu der unsrigen räumlich zweidimensional, aber wie unsere Welt unendlich ausgedehnt. Unendlich viele gleiche Stäbchenquadrate haben auf ihr Platz, d. h. ihr Volumen (Fläche) ist unendlich. Es hat einen Sinn, wenn diese Wesen sagen, ihre Welt sei „eben", nämlich den Sinn, daß sich mit ihren Stäbchen die Konstruktionen der euklidischen Geometrie der Ebene ausführen lassen, wobei das einzelne Stäbchen unabhängig von seiner Lage stets dieselbe Strecke repräsentiert. Wir denken uns nun abermals ein zweidimensionales Geschehen, aber nicht auf einer Ebene, sondern auf einer Kugelfläche. Die flachen Geschöpfe mit ihren Maßstäben und sonstigen Gegenständen liegen genau in dieser Fläche und können dieselbe nicht verlassen; ihre ganze Wahrnehmungswelt erstrecke sich vielmehr ausschließlich auf die Kugeloberfläche. Können diese Geschöpfe die Geometrie ihrer Welt als zweidimensional euklidische Geometrie und dabei ihre Stäbchen als die Realisierung der „Strecke" betrachten? Das können sie nicht. Denn bei dem Versuch, eine Gerade zu realisieren, werden sie eine Kurve erhalten, welche wir „Dreidimensionale" als größten Kreis bezeichnen, also eine in

sich geschlossene Linie von bestimmter endlicher Länge, die sich mit einem Stäbchen ausmessen läßt. Ebenso hat diese Welt eine endliche Fläche, die sich mit der eines Stäbchenquadrates vergleichen läßt. Der große Reiz, den die Versenkung in diese Überlegung bereitet, liegt in der Erkenntnis: Die Welt dieser Wesen ist endlich und hat doch keine Grenzen. (...)

Gemäß der allgemeinen Relativitätstheorie sind die geometrischen Eigenschaften des Raumes nicht selbständig, sondern durch die Materie bedingt. Man kann daher über die geometrische Struktur der Welt nur etwas schließen, wenn man den Zustand der Materie als bekannt der Betrachtung zugrunde legt. Wir wissen aus der Erfahrung, daß bei passend gewähltem Koordinatensystem die Geschwindigkeit der Sterne klein sind gegenüber der Geschwindigkeit der Lichtausbreitung. Wir können deshalb die Beschaffenheit der Welt im großen in rohester Annäherung erfahren, indem wir die Materie als ruhend behandeln.

Wir wissen bereits aus früheren Überlegungen, daß das Verhalten der Maßstäbe und Uhren durch die Gravitationsfelder, d. h. durch die Verteilung der Materie beeinflußt wird. Hieraus folgt schon, daß von einer exakten Gültigkeit der euklidischen Geometrie in unserer Welt keine Rede sein kann. Aber es ist an sich denkbar, daß unsere Welt von einer euklidischen wenig abweicht, diese Auffassung liegt um so näher, als die Rechnung ergibt, daß selbst Massen von der Größe unserer Sonne die Metrik des umgebenden Raumes nur ganz minimal beeinflussen. (...)

Soll es aber in der Welt eine wenn auch noch so wenig von Null abweichende mittlere Dichte der Materie geben, so ist die Welt nicht quasi-euklidisch. Die Rechnung ergibt vielmehr, daß sie bei gleichmäßig verteilter Materie notwendig sphärisch (bzw. elliptisch) sein müßte. Da die Materie in Wahrheit im einzelnen ungleichmäßig verteilt ist, wird die wirkliche Welt vom sphärischen Verhalten im einzelnen abweichen. Sie wird quasisphärisch sein. Aber sie wird notwendig endlich sein müssen. Die Theorie liefert sogar einen einfachen Zusammenhang zwischen der räumlichen Ausdehnung der Welt und der mittleren Dichte der Materie in derselben.

Albert Einstein:
„Über die spezielle und allgemeine Relativitätstheorie" (1905)

Hubble: Die Flucht der Spiralnebel

Der amerikanische Astronom Edwin P. Hubble (1889–1953) fand unwiderlegbare Hinweise auf eine Expansion des Weltalls, die von ihm zwar nicht entdeckte, jedoch durch genaue Beobachtungen recht genau gemessene „Flucht der Spiralnebel". In seinem 1936 erschienenen Buch „Das Reich der Nebel" gibt er eine umfassende Darstellung des damaligen Stands der Erkenntnis über die Galaxien und das Universum.

Die Erforschung des beobachtbaren Raumes als Ganzes hat zu zwei Ergebnissen von besonderer Bedeutung geführt, das eine ist die Homogenität

Der amerikanische Astronom Edwin P. Hubble war ab 1919 am Observatorium auf dem Mount Palomar tätig.

des Raumes – die gleichförmige Verteilung der Nebel im großen –, das andere die Geschwindigkeit-Entfernungsbeziehung.

Die Verteilung der Nebel im kleinen ist sehr ungleichmäßig. Man findet einzelne Nebel, Nebelpaare, Nebelgruppen verschiedener Größe und auch Nebelhaufen. Das galaktische System ist der Hauptteil eines dreifachen Nebels, von welchem die Magellanwolken die anderen Bestandteile bilden. Das Dreiersystem bildet mit einigen anderen Nebeln eine typische kleine Gruppe, die im allgemeinen Nebelfeld in sich abgeschlossen daliegt.

Vergleicht man große Himmelsbereiche oder große Raumbereiche miteinander, so mitteln sich die kleinen Unregelmäßigkeiten heraus, und es bleibt die sehr gleichmäßige Verteilung im großen. Die Verteilung über den Himmel erhält man, indem man die Nebelzahlen innerhalb einigen ausgewählten, in gleichmäßigen Abständen über den ganzen Himmel verstreuten Bezirken, bis zu einer bestimmten Grenzgröße der Mittel miteinander vergleicht. (...) So ist der beobachtbare Raum nicht nur isotrop, sondern auch homogen, d. h. er ist überall und in allen Richtungen nahezu gleich beschaffen. Die Nebel haben untereinander einen mittleren Abstand von 2 Millionen Lichtjahren; das ist etwa das 200fache ihres mittleren Durchmessers. Das entspricht etwa Tennisbällen, die 15 m voneinander entfernt sind.

Die Größenordnung der mittleren Massendichte im Raume kann ebenfalls roh abgeschätzt werden, wenn man den zwischen den Nebeln befindlichen (unbekannten) Stoff vernachlässigt. Würde man den Nebelstoff über den ganzen beobachtbaren Raum verteilen, so würde die mittlere Dichte von der Größenordnung 10^{-29} bis 10^{-28} Gramm/cm^3 sein oder etwa einem Sandkorn im Erdvolumen entsprechen.

Die vorangehende Skizze des beobachtbaren Raumes beruht fast ausschließlich auf Ergebnissen, die auf unmittelbarem photographischem Wege gewonnen wurden. Der Raum ist homogen, und die allgemeine Größenordnung der Dichte ist bekannt. Die nächste – und letzte – Eigenschaft, die zu besprechen bleibt, ist die Geschwindigkeit-Entfernungsbeziehung, die aus der Untersuchung von Spektrogrammen gewonnen wurde.

Geht ein Lichtstrahl durch ein Glasprisma (oder eine andere geeignete Anordnung), so werden die verschiedenen Farben, aus denen das Licht zusammengesetzt ist, zu einer Farbfolge, dem Spektrum, auseinandergezogen. Der Regenbogen ist ein bekanntes Beispiel. Die Reihenfolge der Farben ändert sich nie. Das Spektrum mag, je nach der verwendeten Anordnung, lang oder kurz sein. Die Ordnung der Farben bleibt stets dieselbe. Der Ort im Spektrum wird roh durch die Farbe, genauer durch die Wellenlänge gemessen, denn jeder Farbe entspricht eine bestimmte Wellenlänge, von den kurzen Wellen des Violetts stetig bis zu den langen roten Wellen wachsend. (…)

Sonne und Sterne geben Absorptionsspektren, in denen viele der uns bekannten chemischen Elemente identifiziert werden können. Wasserstoff, Eisen und Kalzium erzeugen im Sonnenspektrum sehr starke Linien. Besonders auffällig ist ein Linienpaar (Dublett) des Kalziums im Violetten, dessen Komponenten mit H und K bezeichnet werden.

Die Nebel zeigen im allgemeinen sonnenähnliche Absorptionsspektren, so daß man annehmen kann, daß der Sonnentypus unter den Nebelsternen vorherrscht. Die Spektren sind notwendigerweise kurz, da das Licht zu schwach ist, als daß man es zu einem langen Spektrum auseinanderziehen könnte. Die H- und K-Linie des Kalziums kann man aber noch trennen. Auch erkennt man die G-Bande des Eisens und einige Wasserstofflinien.

Nebelspektren fallen durch die seltsame Tatsache auf, daß ihre Linien nicht die Lage zeigen, wie man sie bei nahen Lichtquellen beobachtet. Wie man durch geeignete Vergleichsspektren festgestellt hat, sind sie ins Rote verschoben. Die Verschiebungen, die man als Rotverschiebungen bezeichnet, nehmen im Durchschnitt mit abnehmender scheinbarer Helligkeit zu. Da die scheinbare Helligkeit die Entfernung mißt, so folgt, daß die Rotverschiebungen mit der Entfernung zunehmen. Eingehendere Untersuchungen zeigen, daß die Beziehung linear ist.

Kleine Verschiebungen – sowohl nach Rot als auch nach Violett – werden schon seit langem in den Spektren anderer Himmelskörper beobachtet. Diese Verschiebungen werden mit absoluter Sicherheit als die Folge von Bewegungen in der Sichtlinie gedeutet. Fluchtbewegung entspricht dabei einer Rotverschiebung, Annäherung einer Violettverschiebung. Die gleiche

Deutung wird häufig auf die Rotverschiebung in Nebelspektren angewendet und hat zu dem Ausdruck „Geschwindigkeit-Entfernungsbeziehung" für die beobachtete Beziehung zwischen Rotverschiebung und scheinbarer Helligkeit geführt. Bei dieser Auffassung nimmt man also an, daß sich die Nebel von unserem Raumteil mit Geschwindigkeiten entfernen, die ihrer Entfernung proportional sind. (...)

Die Deutung als Geschwindigkeitsverschiebung ist heute von den Theoretikern im allgemeinen anerkannt, und die Geschwindigkeit-Entfernungsbeziehung gilt als die Beobachtungsgrundlage für die Theorien des sich ausdehnenden Weltalls. Es gibt die verschiedensten Theorien dieser Art. Sie sind Lösungen der kosmologischen Gleichung, die aus der Annahme eines nicht im Gleichgewicht befindlichen Weltalls folgen. Sie gehen weiter als die älteren Lösungen auf Grund der Annahme eines im Gleichgewicht befindlichen Weltalls, die jetzt nur noch Sonderfälle der allgemeinen Theorie darstellen.

Edwin P. Hubble:
„Das Reich der Nebel" (1936)

Lemaître: Vater des Urknalls

Der belgische Physiker und Theologe Georges Lemaître (1894–1966) gilt, zusammen mit dem russischen Mathematiker und Meteorologen Aleksandr Friedman (1888–1925), als „Vater" des Urknall-Modells des expandierenden Universums. In den folgenden Zeilen, die einem Brief an die englische Zeitschrift „Nature" entnommen sind, formuliert er zum ersten Mal einen anfänglichen, mit

modernen physikalischen Methoden nur schwer beschreibbaren Urzustand des Universums. Die heutige Physik (Stephen Hawking) hat sich mit verbesserten Theorien noch etwas näher an diesen Urzustand herangewagt:

In atomaren Prozessen sind die Begriffe von Raum und Zeit keine statischen Begriffe mehr, sie verlieren ihre Bedeutung, wenn sie auf Einzelereignisse angewandt werden, die nur eine kleine Zahl von Quanten betreffen. Wenn die Welt mit einem einzelnen Quant begonnen hat, müßten die Begriffe von Raum und Zeit am Anfang vollkommen ihre Bedeutung verlieren, sie würden erst dann anfangen, eine merkliche Bedeutung zu erlangen, wenn das ursprüngliche Quantum in eine ausreichende Zahl von Quanten zerfallen ist. Wenn diese Vorstellung richtig ist, liegt der Anfang der Welt ein wenig vor dem Beginn von Raum und Zeit. (...)

Es ist klar, daß das „Uratom" nicht den ganzen Verlauf der Evolution in sich bergen konnte, doch aufgrund des Heisenbergschen Unschärfeprinzips ist dies auch nicht notwendig. Wir verstehen die heutige Welt als eine Welt, in der Dinge geschehen, die gesamte Weltgeschichte muß nicht im Uratom niedergeschrieben sein wie ein Lied in die Rillen einer Schallplatte. Die gesamte Materie der Welt muß im Anbeginn vorhanden gewesen sein, doch die Geschichte, die sie zu erzählen hat, kann sehr wohl Schritt für Schritt niedergeschrieben werden.

Georges Lemaître:
„The beginning of the world from the point of view of quantum theory"
(1931)

Ein Universum ohne Sinn?

Das Universum befindet sich in einem Zustand, in dem es sehr genau die Eigenschaften aufweist, die für die Existenz eines Wesens mit Bewußtsein und Intelligenz nötig sind. Entweder ist alles Zufall, oder das Universum ist von einem schöpferischen Prinzip gelenkt.

Der Jongleur des Universums; Stich von Grandville (1844)

Monod: Der Kosmos – ein Zufall

In seinem Werk „Zufall und Notwendigkeit" stellt sich der französische Biologie-Nobelpreisträger Jacques Monod entschlossen auf den Standpunkt, daß das Universum auf purem Zufall beruht: Der Kosmos hat keinen Sinn.

Der Weg der Evolution wird den Lebewesen, diesen äußerst konservativen Systemen, durch elementare Ereignisse mikroskopischer Art eröffnet, die zufällig und ohne jede Beziehung zu den Auswirkungen sind, die sie in der teleonomischen Funktionsweise auslösen können.

Ist der einzelne und als solcher wesentlich unvorhersehbare Vorfall aber einmal in die DNS-Struktur eingetragen, dann wird er mechanisch getreu verdoppelt und übersetzt; er wird zugleich vervielfältigt und auf Millionen oder Milliarden Exemplare übertragen. Der Herrschaft des bloßen Zufalls entzogen, tritt er unter die Herrschaft der Notwendigkeit, der unerschütterlichen Gewißheit. Denn die Selektion arbeitet auf der makroskopischen Ebene der Organismen.

So mancher ausgezeichnete Geist scheint auch heute noch nicht akzeptieren oder auch nur begreifen zu können, daß allein die Selektion aus störenden Geräuschen das ganze Konzert der belebten Natur hervorgebracht haben könnte. Die Selektion arbeitet nämlich an den Produkten des Zufalls, da sie sich aus keiner anderen Quelle speisen kann. Ihr Wirkungsfeld ist ein Bereich strenger Erfordernisse, aus dem jeder Zufall verbannt ist. Ihre meist aufsteigende Richtung, ihre sukzessiven Eroberungen und die

geordnete Entfaltung, die sie wider-
zuspiegeln scheint, hat die Selektion
jenen Erfordernissen und nicht dem
Zufall abgewonnen. (...)

Bei dem Gedanken an den gewaltigen Weg, den die Evolution seit
vielleicht drei Milliarden Jahren
zurückgelegt hat, an die ungeheure
Vielfalt der Strukturen, die durch sie
geschaffen wurden, und an die wunderbare Leistungsfähigkeit von Lebewesen – angefangen vom Bakterium
bis zum Menschen –, können einem
leicht wieder Zweifel kommen, ob das
alles Ergebnis einer riesigen Lotterie
sein kann, bei der eine blinde Selektion nur wenige Gewinner ausersehen
hat.

Überprüft man aber im einzelnen
die bis heute angehäuften Beweise,
nach denen diese Konzeption wohl
als einzige mit den Tatsachen (...)
sich vereinbaren läßt, so gewinnt man
zwar wieder sicheren Boden, aber deshalb noch kein unmittelbares, umfas-
sendes und intuitives Verständnis des
gesamten Evolutionsprozesses. Das
Wunder wurde zwar „erklärt", doch
bleibt es für uns noch immer ein Wunder. Mauriac schreibt: „Was dieser Professor sagt, ist noch viel unglaublicher
als das, was wir armen Christen glauben." (...)

Der Alte Bund ist zerbrochen; der
Mensch weiß endlich, daß er in der
teilnahmslosen Unermeßlichkeit des
Universums allein ist, aus dem er zufällig hervortrat. Nicht nur sein Los,
auch seine Pflicht steht nirgendwo geschrieben. Es ist an ihm, zwischen dem
Reich und der Finsternis zu wählen.

Jacques Monod:
„Zufall und Notwendigkeit"
(1971)

Weinberg: Expansion und Kontraktion

*Der amerikanische Physik-Nobelpreis-
träger Steven Weinberg erklärt, daß das
Universum absurd ist und menschliche
Aktivitäten sinnlos sind – ein Stand-
punkt, der an die Philosophie von Albert
Camus erinnert:*

Inzwischen hat sich eine Theorie des
frühen Universums so weitgehend
durchgesetzt, daß die Astronomen
vielfach von „dem Standardmodell"
sprechen. Es handelt sich dabei mehr
oder weniger um die „Urknall"-
Theorie, wie sie gelegentlich genannt
wird, allerdings ergänzt durch ein sehr
viel detaillierteres Rezept für die Zusammensetzung des Universums. (...)

Zu Anfang gab es eine Explosion.
Nicht eine Explosion, wie wir sie auf
der Erde kennen, die von einem bestimmten Zentrum ausgeht und sich
zunehmend in die umgebende Luft
ausbreitet, sondern eine Explosion,
die sich gleichzeitig überall vollzog,
die von Anfang an den gesamten
Raum ausfüllte und bei der jedes
Materieteilchen von allen übrigen
Teilchen fortflog. Der „gesamte Raum"
kann in diesem Zusammenhang
sowohl die Gesamtheit eines unendlichen als auch eines endlichen
Universums bedeuten, welches wie
die Oberfläche einer Kugel in sich gekrümmt ist. Keine dieser beiden Mög-
lichkeiten ist leicht zu begreifen,
aber das soll uns nicht stören; in den
Anfängen des Universums kommt
es eigentlich nicht darauf an, ob der
Raum endlich oder unendlich ist.

Nach etwa einer Hundertstelse-
kunde, dem frühesten Zeitpunkt, über

den wir überhaupt mit einer gewissen Zuverlässigkeit etwas sagen können, betrug die Temperatur des Universums etwa hunderttausend Millionen (10^{11}) Grad Celsius. Selbst im Zentrum der heißesten Sterne herrscht nicht eine derartige Hitze; sie war in der Tat so groß, daß keiner der Bausteine, aus denen die gewöhnliche Materie sich zusammensetzt – Moleküle, Atome oder auch nur die Kerne von Atomen –, hätte bestehen können. Die Materie, die bei dieser Explosion auseinanderflog, bestand statt dessen aus verschiedenen Typen der sogenannten Elementarteilchen, die das Forschungsobjekt der modernen Hochenergie-Kernphysik sind.

„Was? Das soll der Urknall sein?"

Diesen Teilchen werden wir in diesem Buch immer wieder begegnen; vorerst wird es genügen, jene Teilchen zu benennen, die im frühen Universum am häufigsten vorkamen, und mit näheren Erläuterungen bis zum dritten und vierten Kapitel zu warten. Ein Teilchentyp, der in großer Menge vorhanden war, ist das Elektron, jenes negativ geladene Teilchen, das in elektrischen Strömen durch Drähte fließt und im gegenwärtigen Universum die äußeren Bestandteile sämtlicher Atome und Moleküle bildet. Ein weiterer Teilchentyp, der in den Anfängen reichlich vorkam, ist das Positron, ein positiv geladenes Teilchen, das genau die gleiche Masse hat wie das Elektron. Im gegenwärtigen Universum findet man Positronen nur in Hochenergie-Laboratorien, in gewissen Arten von radioaktiver Strahlung und in so auffälligen astronomischen Erscheinungen wie der kosmischen Strahlung und den Supernovae, doch im frühen Universum waren

Positronen und Elektronen in nahezu gleicher Anzahl vorhanden. Außer den Elektronen und Positronen gab es in etwa übereinstimmender Menge verschiedene Arten von Neutrinos, geisterhafte Teilchen ohne jegliche Masse oder elektrische Ladung. Schließlich war das Universum von Licht erfüllt. Man muß das Licht nicht als etwas von den Teilchen Verschiedenes auffassen, denn die Quantentheorie sagt uns, daß Licht aus Teilchen besteht, die keine Masse und keine elektrische Ladung besitzen und als Photonen bezeichnet werden. (...)

Sicherlich wird das Universum seine Expansion noch eine Zeitlang fortsetzen. Und wie sieht anschließend sein weiteres Schicksal aus? Die Prognose, die uns das Standardmodell liefert, ist zweideutig: Es kommt ganz darauf an, ob die kosmische Dichte größer oder kleiner ist als ein bestimmter kritischer Wert.

Wenn die kosmische Dichte kleiner ist als die kritische Dichte, dann hat das Universum (...) eine unendliche Größe und wird sich bis in alle Ewigkeiten weiter ausdehnen. Unsere Nachfahren – wenn es sie dann überhaupt noch gibt – werden erleben, wie die thermonuklearen Reaktionen in all den Sternen allmählich aufhören und nur noch Asche dieser oder jener Art zurücklassen: schwarze Zwergsterne, Neutronen-Sterne, möglicherweise Schwarze Löcher. (...)

Wenn die kosmische Dichte dagegen größer ist als der kritische Wert, dann ist das Universum endlich; es wird schließlich aufhören, sich weiter auszudehnen, und sich statt dessen mit wachsender Geschwindigkeit wieder zusammenziehen. (...)

Die Kontraktion ist nichts anderes als eine Umkehrung der Expansion: nach 50 000 Millionen Jahren wird das Universum wieder seine gegenwärtige Größe erreicht haben, und nach weiteren 10 000 Millionen Jahren wird es sich einem einzigartigen Zustand von unendlicher Dichte nähern. (...)

Können wir diese traurige Geschichte wirklich ganz bis zu ihrem Ende fortsetzen, bis zu einem Zustand von unendlicher Temperatur und Dichte? Hat die Zeit wirklich ein Ende – etwa drei Minuten, nachdem die Temperatur auf einige Milliarden Grad gestiegen ist? Selbstverständlich können wir das nicht mit Gewißheit sagen. (...)

Es gibt Kosmologen, die aus diesen Ungewißheiten eine gewisse Hoffnung herleiten. Vielleicht wird das Universum so etwas wie einen kosmischen „Stoß" bekommen und wieder zu expandieren beginnen. In der „Edda" heißt es, daß nach der letzten

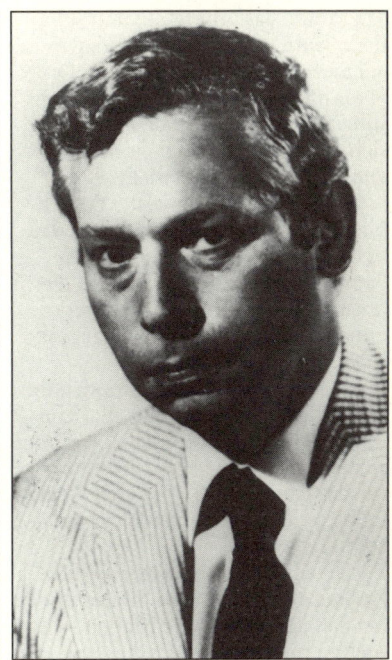

Physik-Nobelpreisträger Steven Weinberg

Schlacht der Götter und Riesen bei Ragnarök die Erde durch Feuer und Wasser zerstört wird, doch die Wasser weichen zurück, Thors Söhne tauchen mit dem Hammer ihres Vaters aus der Hölle auf, und die ganze Welt beginnt wieder von vorn. Wenn es aber tatsächlich so sein sollte, daß das Universum erneut expandiert, dann wird auch diese Expansion schließlich zum Stillstand kommen und von einer erneuten Kontraktion abgelöst werden, die wiederum in einem kosmischen Ragnarök endet, dem sich ein weiterer Stoß anschließen wird, und so wird es in alle Ewigkeit weitergehen.

Sollte das unsere Zukunft sein, dann kann man annehmen, daß es auch unsere Vergangenheit war. Die gegenwärtige Expansion des Universums wäre dann nur eine Phase, die sich an die letzte Kontraktion und den letzten Stoß anschließt.

Wenn man noch weiter zurückblickt, kann man sich vorstellen, daß sich ein endloser Kreislauf von Expansion und Kontraktion bis in die unendliche Vergangenheit erstreckt, ohne daß es je einen Anfang gegeben hätte.

Manche Kosmologen finden dieses Modell eines schwingenden Universums aus philosophischen Gründen anziehend, vor allem wohl, weil es – wie das „steady state"*-Modell – das Problem der Genesis geschickt umgeht. (...)

Doch wie auch immer all diese Probleme gelöst werden mögen und welches kosmologische Modell sich auch immer als zutreffend erweisen mag – für uns wird es nicht besonders tröstlich sein. Der Vorstellung, daß wir ein besonderes Verhältnis zum Universum haben, daß unser Dasein nicht bloß eine Farce ist, die sich aus einer mit den ersten drei Minuten beginnenden Kette von Zufällen ergab, sondern daß wir irgendwie von Anfang an vorgesehen waren – dieser Vorstellung vermögen wir Menschen uns kaum zu entziehen. Ich befinde mich, während ich diese Worte niederschreibe, auf dem Heimflug von San Francisco nach Boston, 10 000 Meter hoch über Wyoming. Die Erde unten wirkt sehr freundlich und anheimelnd: hier und da ein paar Wolken, die wie Flaumfedern aussehen, Schnee, den die untergehende Sonne in rötliches Licht

taucht, Straßen, die das Land in gerader Linie durchschneiden und die kleinen Städte miteinander verbinden. Man begreift kaum, daß dies alles nur ein winziger Bruchteil eines überwiegend feindlichen Universums ist. Noch weniger begreift man, daß dieses gegenwärtige Universum sich aus einem Anfangszustand entwickelt hat, der sich jeder Beschreibung entzieht und seiner Auslöschung durch unendliche Kälte oder unerträgliche Hitze entgegengeht. Je begreiflicher uns das Universum wird, um so sinnloser erscheint es auch.

Doch wenn die Früchte unserer Forschung uns keinen Trost spenden, finden wir zumindest eine gewisse Ermutigung in der Forschung selbst. Die Menschen sind nicht bereit, sich von Erzählungen über Götter und Riesen trösten zu lassen, und sie sind nicht bereit, ihren Gedanken dort, wo sie über die Dinge des täglichen Lebens hinausgehen, eine Grenze zu ziehen. Damit nicht zufrieden, bauen sie Teleskope, Satelliten und Beschleuniger, verbringen sie endlose Stunden am Schreibtisch, um die Bedeutung der von ihnen gewonnenen Daten zu entschlüsseln. Das Bestreben, das Universum zu verstehen, hebt das menschliche Leben ein wenig über eine Farce hinaus und verleiht ihm einen Hauch von tragischer Würde.

Steven Weinberg:
„Die ersten drei Minuten"
(1977)

---

* Steady-State-Theorie siehe Glossar Seite 183

Dyson: Der Beweis der ersten Ursache

Der anglo-amerikanische Physiker Freeman Dyson wendet sich energisch gegen den Standpunkt von Monod und Weinberg, daß das Weltall keinen Sinn habe. Für ihn steht fest, daß „das Universum irgendwie wußte, daß der Mensch irgendwann auftauchen würde".

Heute unterstehen Wissenschaftler einem Tabu, das es ihnen verwehrt, Wissenschaft und Religion zu vermischen. Das war nicht immer so. (...)

Hören wir, was uns das 20. Jahrhundert zu sagen hat, vertreten durch den Biologen Jacques Monod: „Jede Vermischung von Wissen mit Wertvorstellungen ist ungesetzlich, verboten", und den Physiker Steven Weinberg: „Je erfaßbarer das Universum erscheint, desto sinnloser erscheint es." (...)

Tatsächlich vertreten jedoch Monod und Weinberg, beide erstklassige Wissenschaftler und führende Forscher auf ihren jeweiligen Spezialgebieten, einen Standpunkt, der den Feinheiten und Vieldeutigkeiten der Physik des 20. Jahrhunderts nicht gerecht wird. Die Wurzeln ihrer philosophischen Grundhaltung liegen im 19. und nicht im 20. Jahrhundert. Das Tabu, Erkenntnis mit Wertvorstellungen zu vermischen, entstand im 19. Jahrhundert und war eine Folge der heftigen Kämpfe zwischen den Evolutionsbiologen, angeführt von Thomas Huxley, und den Kirchenmännern, angeführt von Bischof Wilberforce. Huxley ging als Sieger aus diesem Kampf hervor, doch noch hundert Jahre später kämpften Monod und Weinberg gegen den Geist des Bischofs Wilberforce.

Wenn wir nun, hundert Jahre später, auf diese Kämpfe zurückblicken, sehen wir, daß Darwin und Huxley recht hatten. Die Entdeckung der Struktur und Funktion der DNA hat die Natur der Erbvariationen, auf denen die natürliche Selektion beruht, aufgezeigt.

Die Tatsache, daß DNA-Anordnungen Millionen Jahre stabil bleiben, schließt nicht aus, daß sie sich nicht trotzdem gelegentlich verändern können, was als Folge chemischer und physikalischer Gesetze erklärt wird. Es ist nicht einzusehen, wieso eine natürliche Selektion, die nach diesen Mustern verfährt, in einer Vogelspezies, die Geschmack am Fischfressen gefunden hat, nicht auch die Flossen eines Pinguins hervorbringen sollte. Zufällige Variationen, die durch den ewigen Kampf ums Überleben bestimmt werden, können die Funktion des Schöpfers übernehmen. Was die Biologen betrifft, ist das Argument der Zweckmäßigkeit tot. Sie haben ihren Kampf gewonnen. Doch leider haben sie in der Bitterkeit ihres Sieges über ihre klerikalen Kontrahenten die Sinnlosigkeit des Universums zu einem neuen Dogma erhoben. Monod formuliert dieses Dogma in der ihm eigenen Schärfe:

„Der Eckstein der wissenschaftlichen Methode ist das Postulat, daß die Natur objektiv ist. Mit anderen Worten, die systematische Ablehnung des Gedankens, daß wahre Erkenntnis erworben werden kann, indem man Phänomene im Hinblick auf letzte Ursachen, d. h. auf ihren Zweck hin, interpretiert."

Mit dieser Definition der wissenschaftlichen Methode wäre Thomas

Wright völlig aus der Wissenschaft verbannt. Ebenso einige der lebendigsten Gebiete der modernen Physik und Kosmologie.

Es ist verständlich, daß einige moderne Molekularbiologen zu einer engen Definition wissenschaftlicher Erkenntnis gekommen sind. Ihre ungeheuren Erfolge haben sie errungen, indem sie das komplexe Verhalten von Lebewesen auf das einfachere Verhalten von Molekülen reduzierten, aus denen diese Lebewesen bestehen. Dieses ganze wissenschaftliche Gebiet beruht auf der Reduktion des Komplexen auf das Einfache, der Reduktion der scheinbar zweckmäßigen Bewegungen eines Organismus auf die rein mechanischen Bewegungen seiner Bestandteile. Für den Molekularbiologen ist eine Zelle eine chemische Maschine, und die Protein- und Nukleinsäure-Moleküle, die ihr Verhalten bestimmen, sind kleine Teile eines Uhrwerks, die in wohldefinierten Zuständen existieren und auf ihre Umgebung reagieren, indem sie von einem Zustand in den anderen wechseln. Jeder Student der Molekularbiologie lernt sein Handwerk, indem er mit Modellen spielt, die aus Plastikkugeln und Stöpseln bestehen. Diese Modelle sind ein unentbehrliches Hilfsmittel, um Struktur und Funktion der Nukleinsäuren und Enzyme zu studieren. Für alle praktischen Belange sind sie eine nützliche Veranschaulichung der Moleküle, aus denen wir gebaut sind. Vom Standpunkt eines Physikers gehören diese Modelle jedoch ins 19. Jahrhundert. Jeder Physiker weiß, daß Atome in Wirklichkeit keine kleinen, harten Kügelchen sind. Während die Molekularbiologen mit Hilfe dieser mechanischen Modelle ihre spektakulären Entdeckungen machten, entwickelte sich die Physik in eine ganz andere Richtung.

Für die Biologen war jede stufenweise Größenreduktion ein Schritt auf ein zunehmend einfacheres und mechanischeres Verhalten hin. Eine Bakterie ist mechanischer als ein Frosch, ein DNA-Molekül mechanischer als eine Bakterie. Doch die Physik des 20. Jahrhunderts hat gezeigt, daß weitere Größenreduktionen eine gegenteilige Wirkung haben. Wenn ein DNA-Molekül in seine Atombestandteile zerlegt wird, so verhalten sich diese Atome weniger mechanisch als das Molekül. Es gibt ein berühmtes Experiment, das Einstein, Podolsky und Rosen 1935 ursprünglich als Gedankenexperiment konzipiert hatten, um die Schwierigkeiten der Quantentheorie vor Augen zu führen. Es zeigt, daß die Vorstellung, ein Elektron könne in einem objektiven Zustand, unabhängig von einem Experimentator, existieren, unhaltbar ist. Das Experiment wurde auf verschiedene Weisen, mit verschiedenen Arten von Teilchen durchgeführt, und die Resultate zeigen deutlich, daß der Zustand eines Teilchens nur eine Bedeutung hat, wenn ein präzises Beobachtungsverfahren für diesen Zustand vorgeschrieben wird. Über die Rolle, die dem Beobachter bei der Beschreibung subatomarer Prozesse zukommt, gibt es unter den Physikern viele verschiedene philosophische Standpunkte und Interpretationsweisen. Doch alle Physiker stimmen mit den experimentellen Tatsachen überein, nach denen es hoffnungslos ist, eine von der Beobachtungsmethode unabhängigen Zustandsbeschreibung zu suchen. Wenn wir uns mit Objekten befassen, die so winzig sind wie Atome und Elektronen, kann der Beobachter oder Experimentator nicht mehr aus der Beschreibung der Natur ausgeschlossen werden. In diesem Bereich erweist sich Monods Dogma, „Der Eckstein der wissenschaftlichen Methode ist das Postulat, daß die Natur objektiv ist", als unzutreffend.

Wenn wir Monods Postulat ablehnen, heißt das keineswegs, daß wir die Leistungen der Molekularbiologie schmälern wollen. Wir sagen nicht, daß Zufall und mechanische Umverteilungen von Molekülen nicht aus Affen Menschen machen können. Wir stellen nur fest, daß, wenn wir als Physiker versuchen, das Verhalten eines einzelnen Moleküls bis in alle feinsten Einzelheiten zu beobachten, die Worte „zufällig" und „mechanisch" in ihrer Bedeutung von unserer Beobachtungsweise abhängig sind. Die Gesetze der subatomaren Physik lassen sich nicht einmal formulieren, ohne auf den Beobachter zu verweisen. „Zufall" kann nicht definiert werden, es sei denn als Maß der Unwissenheit, mit der der Beobachter der Zukunft entgegentritt. Die Gesetze lassen in der Beschreibung eines jeden Moleküls Raum für die Vernunft.

Ich bin also der Meinung, daß unser Bewußtsein nicht nur eine passive, durch die chemischen Vorgänge in unserem Gehirn vorangetriebene Begleiterscheinung ist, sondern ein aktives Agens, das die Molekularkomplexe zwingt, zwischen zwei Quantenzuständen zu wählen. Mit anderen Worten, Vernunft ist bereits in jedem Elektron inhärent, und die menschlichen Bewußtseinsprozesse unterscheiden sich lediglich graduell, nicht aber qualitativ von den Auswahlprozessen, die zwischen Quantenzuständen stattfinden und die wir „Zufall" nennen, wenn sie von Elektronen getroffen werden.

Jacques Monod hat ein Wort für Leute, die denken wie ich und denen seine tiefste Verachtung gilt. Er nennt uns „Animisten", Geistergläubige. „Der Animismus", sagt er, „gründete einen Bund zwischen der Natur und dem Menschen, eine tiefe Allianz, außerhalb deren nichts als entsetzliche Einsamkeit ist. Müssen wir dieses Band zerreißen, weil es das Postulat der Objektivität zu erfordern scheint?" Monod meint, ja: „Der alte Bund ist zerbrochen; endlich weiß der Mensch, daß er alleine in die gefühllose Unermeßlichkeit gestellt ist, aus der er nur durch Zufall entstanden ist." Ich meine, nein. Ich glaube an den Bund. Es ist unbestritten, daß wir uns im Universum durch Zufall entwickelt haben, doch die Idee des Zufalls selbst ist letztlich nur eine Verschleierung unserer Unwissenheit. Ich fühle mich nicht als Fremdling in diesem Universum. Je länger ich das Universum beobachte und die Einzelheiten seines Aufbaus studiere, desto mehr Anzeichen finde ich, daß das Universum um unser Kommen gewußt haben muß.

Freeman Dyson:
„Das Argument der Zweckmäßigkeit"
(1979)

Hawking: Das Geheimnis der Zeit

Das Geheimnis der Zeit ist noch weit davon entfernt, verstanden zu sein, vor allem die Richtung des Zeitpfeils. Wir können uns nach Belieben in allen drei Raumdimensionen bewegen, nach vorn und zurück, nach links und rechts, nach oben und unten, doch unsere Reise durch die menschliche Zeit weist immer in die Zukunft: Sie führt uns unweigerlich von der Wiege zum Grabe.

Diese Nicht-Umkehrbarkeit findet sich in der makroskopischen Welt, die von der thermodynamischen Zeit beherrscht wird: Ein Stück Eis schmilzt im Sonnenlicht, ein Tempel zerfällt zu einer Ruine, eine Rose verwelkt. Die Unordnung nimmt mit der Zeit zu. Die Richtung der dritten, der kosmischen Zeit, ist durch die Expansion des Universums vorgegeben. Die Richtung dieser Zeit wird durch die Tatsache bestimmt, daß sich der Raum zwischen den Galaxien ausdehnt, daß sich die Galaxien immer weiter voneinander entfernen. Was haben diese drei Zeitbegriffe miteinander gemeinsam? Der britische Physiker Stephen Hawking versucht, diese Frage zu beantworten.

Zunächst will ich mich mit dem thermodynamischen Zeitpfeil befassen. Der Zweite Hauptsatz der Thermodynamik ergibt sich aus dem Umstand, daß es stets mehr ungeordnete Zustände als geordnete gibt. Nehmen wir beispielsweise die Teile eines Puzzles in einer Schachtel. Es gibt eine und nur eine Anordnung, in der sich die Teile zu einem Bild zusammenfügen. Dagegen gibt es eine sehr große Zahl von Kombinationen, in denen Teile ungeordnet sind und kein Bild ergeben.

Nehmen wir an, ein System beginnt mit einem der wenigen geordneten Zustände. Im Laufe der Zeit wird sich das System nach den Naturgesetzen entwickeln und seinen Zustand verändern. Die Wahrscheinlichkeit spricht dafür, daß sich das System zu einem späteren Zeitpunkt in einem ungeordneten Zustand und nicht in einem geordneten befindet, weil es mehr ungeordnete Zustände gibt. Deshalb wird die Unordnung in der Regel anwachsen, wenn das System sich in einem Anfangszustand großer Ordnung befindet.

Ein Beispiel: Die Teile des Puzzles haben am Anfang in der Schachtel den geordneten Zustand, in dem sie sich zu einem Bild zusammenfügen. Schüttelt man die Schachtel, werden die Teile eine andere Anordnung annehmen. Das wird wahrscheinlich ein ungeordneter Zustand sein, in dem die Teile kein Bild ergeben, weil es viel mehr ungeordnete Zustände gibt. Einige Bruchstücke werden noch Teile des Bildes erkennen lassen, doch je mehr man die Schachtel schüttelt, um so größer ist die Wahrscheinlichkeit, daß auch diese Kombinationen sich auflösen und in einen völlig durcheinandergewürfelten Zustand geraten. Deshalb wird die Unordnung der Teile wahrscheinlich mit der Zeit zunehmen, wenn sie die Anfangsbedingung erfüllen, daß sie in einem Zustand großer Ordnung beginnen. (…)

Der britische Physiker und Erfolgsautor Stephen Hawking während der Verleihung der Ehrendoktorwürde von Harvard am 7.6.1990. Rechts neben ihm die ebenfalls ausgezeichnete Ella Fitzgerald.

Um auf den Zeitpfeil zurückzukommen – es bleibt die Frage: Warum beobachten wir, daß der thermodynamische und der kosmologische Pfeil in die gleiche Richtung zeigen? Anders gefragt: Warum nimmt die Unordnung in der gleichen Richtung der Zeit zu, in der das Universum sich ausdehnt? Wenn man, wie es die Keine-Grenzen-These nahezulegen scheint, die Auffassung vertritt, daß sich das Universum zunächst ausdehnt und dann wieder zusammenzieht, so stellt sich außerdem die Frage, warum wir uns in der Phase der Ausdehnung und nicht in der der Kontraktion befinden.

Diese Frage läßt sich mit dem schwachen anthropischen Prinzip beantworten. Die Bedingungen in der Kontraktionsphase wären nicht für die Existenz intelligenter Wesen geeignet, die fragen könnten: Warum nimmt die Unordnung in der gleichen Zeitrichtung zu, in der das Universum sich ausdehnt? Aus der Inflation in den frühen Stadien des Universums, die von der „Keine-Grenzen-These" postuliert wird, folgt, daß sich die Ausdehnung des Universums sehr nahe an der kritischen Geschwindigkeit vollziehen muß, bei der es ihm gerade noch gelingt, einen Zusammensturz zu vermeiden. Für einen sehr langen Zeitraum ist dieser Kollaps also auszuschließen. Dann werden alle Sterne ausgebrannt sein; ihre Protonen und Neutronen werden wahrscheinlich zu leichteren Teilchen und Strahlung zerfallen sein. Das Universum befände sich in einem Zustand fast vollständiger Unordnung. Es gäbe keinen ausgeprägten thermodynamischen Zeitpfeil mehr. Die Unordnung könnte nicht mehr zunehmen, weil das Universum bereits in einem fast völlig ungeordneten Zustand wäre. Nun ist aber ein ausgeprägter thermodynamischer Pfeil eine notwendige Vorbedingung intelligenten Lebens. Um zu leben, müssen Menschen Nahrung aufnehmen, die Energie in geordneter Form ist, und sie in Wärme, Energie in ungeordneter Form, umwandeln. Deshalb kann es kein intelligentes Leben in der Kontraktionsphase des Universums geben. Aus diesem Grund beobachten wir, daß der thermodynamische und der kosmologische Zeitpfeil in die gleiche Richtung zeigen. Nicht die Expansion des Universums verursacht die Zunahme der Unordnung, sondern die Keine-Grenzen-Bedingung bewirkt, daß nur in der Ausdehnungsphase die Unordnung zunimmt und die Verhältnisse für intelligentes Leben geeignet sind.

Fassen wir zusammen: Die Naturgesetze machen keinen Unterschied zwischen der Vorwärts- und der Rückwärtsrichtung der Zeit. Es gibt jedoch mindestens drei Zeitpfeile, die die Vergangenheit von der Zukunft unterscheiden: der thermodynamische Pfeil, die Zeitrichtung, in der die Unordnung zunimmt; der psychologische Pfeil, die Zeitrichtung, in der wir die Vergangenheit und nicht die Zukunft erinnern; und der kosmologische Pfeil, die Zeitrichtung, in der das Universum sich ausdehnt und nicht zusammenzieht.

Stephen Hawking:
„Eine kurze Geschichte der Zeit"
(1988)

Das Weltall und seine Bewohner

Gibt es Leben auf anderen Planeten, mit dem wir vielleicht sogar Kontakt aufnehmen könnten? Diese Frage hat nicht nur Philosophen und Kosmologen beschäftigt, sondern auch Literaten wie Filmproduzenten inspiriert: Science-fiction ist die Antwort der Phantasie auf die noch ungelösten Rätsel.

Publikumsliebling E.T.

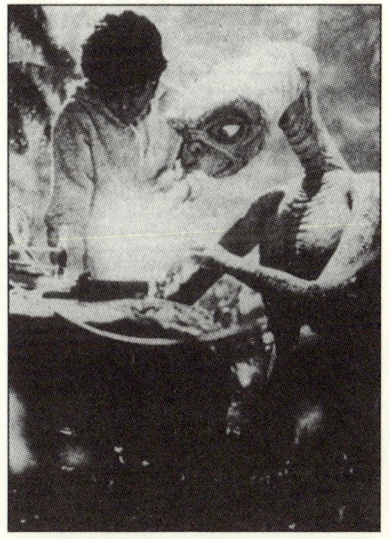

Giordano Bruno: Es gibt viele Sonnensysteme

Der italienische Philosoph Giordano Bruno (1548 – 1600) ist Schöpfer eines Weltbildes, in dem sich moderne, „kopernikanische" Züge mit okkulten und magischen Anschauungen vermischen. Er wurde wegen seiner Ansichten von der Inquisition verfolgt, jahrelang gefangengehalten und starb schließlich auf dem Scheiterhaufen. Der folgende Auszug stammt aus seinem Werk „Zwiegespräche vom unendlichen All und den Welten".

ELPINO: Es gibt also zahllose Sonnen, zahllose Erden, die gleichermaßen ihre Sonnen umkreisen, wie wir es an diesen sieben unsre Sonne zunächst umkreisenden Planeten sehen.

FILOTEO: So ist es!

ELPINO: Warum aber sehen wir um die andern Lichtkörper, die Ihr ja auch Sonnen nennt, nicht andre Lichter kreisen, die als deren Erden gelten könnten, warum können wir keine derartige Bewegungen wahrnehmen? Warum zeigen sich alle andern Weltkörper mit Ausnahme der sog. Kometen uns immer in derselben gegenseitigen Lage und Entfernung?

FILOTEO: Einfach deshalb, weil wir nur die Sonnen sehen, welche die größeren, ja die größten Körper sind, nicht aber deren Erdkörper oder Planeten, welche, da ihre Massen viel kleiner sind, für uns unsichtbar sind. Widerspricht es doch nicht der Vernunft, daß selbst um diese unsre Sonne noch andre Planeten kreisen, die für uns, – sei es wegen ihrer größeren Entfernung, sei es wegen ihrer geringeren Größe oder weil sie keine großen Wasserflächen haben, oder weil sie diese Oberfläche nicht gleichzeitig in Opposition mit uns und der Sonne zeigen, welche letztere sich in ihnen, wie in einem kristallenen Spiegel, widerspiegelt, – nicht sichtbar sind.

Es würde daher weder ein Wunder noch etwas Übernatürliches sein, wenn wir gelegentlich hörten, die Sonne habe sich ein wenig verfinstert gezeigt, ohne daß gerade der Mond zwischen sie und uns in die Gesichtslinie getreten wäre. Außer den sichtbaren kann es noch unzählige leuchtende Wasserkörper, d. h. Erden, deren größerer Oberflächenteil Wasser ist, geben, die die Sonne umkreisen; ihr Umlauf würde nur wegen ihrer großen Entfernung von uns nicht wahrgenommen werden, weshalb man auch wegen der sehr langsamen Bewegung, die man bei denen, die jenseits des Saturn sind, voraussetzen muß, keine Unterschiede der Bewegung und noch weniger gar ein Gesetz derselben wahrnimmt, mag man nun als ihren Mittelpunkt unsre Erde oder die Sonne setzen. (...)

ELPINO: Also meint Ihr, soweit die Sterne, die jenseits des Saturn für uns sichtbar sind, wirklich unbeweglich sind, müssen es unzählige Sonnenwelten oder Zentralfeuer sein, selber für uns mehr oder weniger sichtbar, während jeder von ihnen wieder von Planeten umkreist wird, die für uns unsichtbar sind?

FILOTEO: Das wird man behaupten müssen, weil alle Erden in einem mehr oder weniger analogen Verhältnisse zu denken sind und alle Sonnen gleichfalls.

ELPINO: Ihr meint also, daß alle jene Fixsterne Sonnen sind?

FILOTEO: Das gerade nicht. Denn ich weiß nicht, ob sie alle oder auch nur der größte Teil von ihnen unbeweglich sind oder ob nicht einige von ihnen sich wieder um andre bewegen; denn niemand hat dies bislang beobachtet, und es ist auch nicht leicht zu beobachten, da man die Bewegung und den Fortschritt eines entfernteren Gegenstandes nicht leicht bemerkt; denn selbst bei rascher Eigenbewegung scheinen entfernte Gegenstände nicht leicht ihren Ort zu verändern, was man besonders gut an weit entfernten Schiffen auf hohem Meere beobachten kann. Aber sei dem, wie ihm wolle; da das All unendlich ist, muß es mehrere Sonnen geben; denn es ist unmöglich, daß die Wärme und das Licht einer einzigen, wie Epikur sich einbildete, wenn es wahr ist, was andre über ihn berichten, sich durch die Unendlichkeit ergießen könnte. Daher ist anzunehmen, daß es unzählige Sonnen gibt, deren viele für uns in Gestalt kleiner Körper sichtbar sind; und manche mögen uns als kleine Sterne erscheinen, die viel größer sind, als andre, die uns als die größten erscheinen.

ELPINO: Alles dies muß man mindestens für möglich und annehmbar hinnehmen.

FILOTEO: Und um diese Sonnen können Erden kreisen von größeren oder kleineren Massen als unsre.

Giordano Bruno:
*„Zwiegespräche vom unendlichen All
und den Welten"*
(1584)

Fontenelle: Dialoge über die Mehrheit der Welten

Einer, der die Vorstellung einer Vielzahl bewohnter Welten einem großen Publikum nahebrachte, war der französische Schriftsteller und Philosoph Bernard le Bovier de Fontenelle (1657–1757). Seine „Dialoge über die Mehrheit der Welten" (1686, deutsch 1727 und öfter), eine Sammlung von Gesprächen des Autors mit einer Marquise, machten den Leser mit astronomischen Tatsachen und Spekulationen vertraut. Die Frage nach der Existenz von Planetensystemen um andere Sonnen konnte bis heute nicht eindeutig beantwortet werden. Seit kurzem hat die NASA das gigantische Projekt SETI (Suche nach außerirdischer Intelligenz) wiederaufgenommen, in dessen Rahmen nach Radiosignalen intelligenter Wesen gesucht wird.

Die Marquise voll brennender Ungedult, zu wissen, was aus den Fixsternen werden würde, fragte mich: Sollen sie gleich den Planeten bewohnt seyn, oder nicht? Mit Einem Wort, was wollen wir damit beginnen? ICH. Vermuthlich würden Sie's erraten, wenn Sie nur recht Lust dazu hätten. Die Fixsterne sind wenigstens sieben und zwanzigtausend sechshundert und sechzigmal weiter von uns wie die Sonne, deren Entfernung drey und dreyssig Millionen Meilen austrägt, und jagen Sie einen Sternkundigen in Harnisch, so sezt er sie noch viel weiter hinaus. (…) Ihr Licht ist, wie Sie sehn, noch immer lebhaft und glänzend genug. Erhielten sie's von der Sonne, so würd es nach einem so entsezlich weiten Wege sehr geschwächt zu ihnen gelangen, und sie müsten durch eine noch weit mehr es schwächende Zurükwerfung es uns aus eben der Weite wieder zurücksenden. Unmöglich wird ein Licht, das eine Zurükprallung erlitten und zweymal einen dergleichen Weg gemacht hat, die Lebhaftigkeit und Stärke haben, die wir an den Fixsternen bemerken. Sie müsten folglich selbstleuchtende Körper, und mit Einem Worte insgesamt Sonnen seyn. MARQUISE. (mit erhabnerer Stimme) Irr' ich mich nicht gänzlich, so merk' ich schon, wohin Sie mit mir wollen. Die Fixsterne, werden Sie mir sagen, sind lauter Sonnen; unsere Sonne ist der Mittelpunkt eines um sie drehenden Wirbels, warum sollte nicht ein

Titelkupfer einer Fontenelle-Ausgabe

Bernhard von Fontenelle
Dialogen
über die
Mehrheit der Welten.

Mit Anmerkungen und Kupfertafeln
von
Johann Elert Bode,
Astronom der Königl. Akademie der Wissenschaften
zu Berlin.

Berlin 1780.
Bey Christian Friedrich Himburg.

jeder Fixstern gleichfals der Mittelpunkt eines ähnlichen Wirbels seyn? Unsre Sonne hat Planeten, die sie erleuchtet, warum solte nicht auch ein jeder Fixstern desgleichen haben, die von ihm erleuchtet werden?

ICH. Hierauf kan ich Ihnen nicht anders antworten, als was ehemals Phädrus dem Enon: Es ist, wie Du gesagt hast.

MARQUISE. Allein dann ist mir das Weltall so gros, daß ich mich gänzlich darin verliere, nicht mehr weis, wo ich bin, gar nichts mehr bin. Wie? (...) Ist dieser unermesliche unsre Sonne mit all ihren Planeten in sich fassende Raum nur ein kleines Theilchen des ganzen Weltalls? Nehmen die Fixsterne ähnliche Räume ein? Das macht mich betreten, verwirrt, schüchtern.

ICH. Und mich sehr vergnügt. Wäre der Himmel nur ein blaues Gewölbe, woran die Sterne wie Nägel angeheftet wären, so würde mir das Weltall klein und eng vorkommen (...) Die Natur hat bey dessen Hervorbringung nichts gespart, Reichthümer überall verschwendet, wie sich's für sie ziemt. Kan man sich wol etwas Schöners denken als diese zahllose Menge Wirbel, in deren Mitte eine Sonne steht, die Planeten um sich herumführt. Die Bewohner eines Planeten aus einem dieser unzälbaren Wirbel sehn von allen Seiten die Sonnen der ihnen nahangränzenden Wirbel; können aber nicht deren Planeten warnehmen, die nur ein schwaches, von ihrer Sonne geborgtes Licht haben, und selbiges nicht ausser ihrem System zurückwerfen können.

Bernard le Bovier de Fontenelle: *„Dialoge über die Mehrheit der Welten"* (1686)

Laßwitz, der Vater der deutschen Science-fiction

Kurd Laßwitz (1848 – 1910) war von Beruf Gymnasiallehrer in Breslau und Gotha. Neben wissenschaftlichen Untersuchungen über die Atomlehre schrieb er phantastische Romane und Erzählungen, unter denen der utopische Roman „Auf zwei Planeten" besondere Berühmtheit als erster moderner Zukunftsroman deutscher Sprache erlangt hat. Hier sind seine Gedanken zur Darstellung außerirdischer Lebewesen in Dichtung und Wissenschaft, wie er sie kurz vor seinem Tode in einem Zeitungsbeitrag niederschrieb:

Seitdem die Wissenschaft unwiderleglich die Erde zu einem Planeten, die Sterne zu Sonnen wie die unsere gemacht hat, seitdem können wir unsere Blicke nicht zum Sternenhimmel erheben, ohne mit Giordano Bruno daran zu denken, daß auch auf jenen unzugänglichen Welten lebende, fühlende, denkende Geschöpfe wohnen mögen. Es muß geradezu sinnlos erscheinen, daß in der Unendlichkeit des Weltalls unsere Erde der einzige Träger von Vernunftwesen geblieben sein sollte. Die Weltvernunft verlangt notwendig auch unendliche Stufen vernunftbegabter Weltenbewohner.

Dazu kommt die tiefe und unauslöschliche Sehnsucht nach besseren und glücklicheren Zuständen, als die Erde sie bietet. Wir träumen von einer höheren Kultur, aber wir möchten sie auch kennenlernen nicht bloß als eine Hoffnung auf ferne Zukunft. Wir sagen uns, was einst die Zukunft der Erde bringen kann, das muß bei der Unendlichkeit der Zeit und des Raumes auch jetzt schon irgendwo verwirklicht sein. Wo sollen wir solche überlegene Kulturwesen anders finden als auf einem begünstigteren Planeten?

Aber die wissenschaftliche Erkenntnis läßt uns hier im Stiche. Sie zeigt uns nur die *Weltkörper*. Von ihren Bewohnern weiß sie nichts und will sie auch nichts wissen. Denn sie bedarf nach unserer gegenwärtigen Erfahrung dieser Hypothese nicht. Es sind in der Tat andere Motive als theoretische, die uns die Frage nach den Bewohnern fremder Welten immer wieder lebendig machen, es sind andre, nicht minder wertvolle Realitäten des menschlichen Bewußtseins als die Wissenschaft, von denen wir eine Erörterung dieser Frage fordern dürfen. Die Gebiete, an die wir uns hier zu wenden haben, sind die *Dichtung und die Weltauffassung.* (...)

Wir fragen ja danach, mit welchem Rechte die Dichtung die wirkliche Existenz der erfahrungsmäßig bisher nicht nachgewiesenen Planetenbewohner voraussetzen darf, *um sie mit dem Inhalt des gegenwärtigen Lebens zu verknüpfen,* wenn sie dieses zum Stoffe ernstgemeinter Erzählung wählt. Bei der Überführung in die dichterische Form dürfen dann die Gesetze der Natur und der Seele nicht verletzt werden, ohne den Widerspruch des Lesers zu wecken und die Wirkung zu stören. Denn alles, was im künstlerisch ernst gemeinten Romane geschieht, muß mit unserm eignen Erlebnis, also mit der zeitgenössischen Anschauung von Naturgesetz und Psychologie, in Verbindung zu bringen, muß erklärbar und glaubhaft sein. (...) Man könnte sich etwa auf der Sonne Wolken von glühenden Gasen vorstellen, in denen ein bestimmter Kreislauf von chemischen Umsetzungen stattfände (womit eine Geschlossenheit individueller Systeme in Verbindung mit den Einwirkungen der Umgebung gesetzt wäre), so daß diese glühenden Wolken Organismen von riesigen Dimensionen bilden, wirkliche Feuerriesen, denen alsdann auch Bewußtsein nicht abgesprochen werden kann. So könnte ein Sonnenfleck seinen Roman haben. – Oder man könnte sich auf scheinbar erstarrten Weltkörpern mikroskopische Organismen denken, unter ganz andern Verbindungen entwickelt als auf der Erde, die selbstverständlich nicht auf unsern Eiweißstoffen aufgebaut sind, sondern aus Verbindungen, die noch bei Temperaturen unter dem Gefrierpunkt des Quecksilbers Energien austauschen und die trotzdem Gemeinschaften bilden von weltbeherrschender Intelligenz. Von seiten der Naturwissenschaft kann dagegen nichts eingewendet werden, als daß zur Annahme solcher Organismen keinerlei Veranlassung vorläge. Der Poesie stände es also frei, solche Hypothesen zu machen; aber sie könnte sie nicht brauchen, und selbst wenn uns die Erfahrung einmal solche Wesen unwiderleglich nachwiese, könnte der Dichter damit nichts anfangen. Denn es ist eine unentbehrliche Voraussetzung für die dichterische Wirkung, daß wir uns in das Erlebnis der geschilderten Geschöpfe mit unserm eignen Erlebnis versetzen können. Das ist aber bei Geistern mit Flammenkörpern von glühendem Wasserstoff oder bei intelligenten Bazillen, die in flüssiger Luft sich fortpflanzen und amüsieren, schlechterdings nicht möglich. Denn für solche Wesen existieren ganz andre Formen der Sinnlichkeit; sie müßten Empfindungen haben, wie wir sie nicht erleben und daher nicht nachfühlen können. Für die Vorgänge in derartig fremden Organismen vermögen wir kein Interesse zu gewinnen, es sei denn, daß wir diese einfach willkürlich wieder zu Menschen machen.

(…) Der Leser kann nur dort gefesselt werden, wo er an seinen eigenen Interessen und Erlebnissen gepackt wird. Die Poesie muß daher stets anthropomorphisieren, sonst würden ihre Persönlichkeiten und Charaktere uns unverständlich sein.

Von dieser Einschränkung befreit in gewissem Grade ist nun die andere Richtung des Bewußtseins, die ebenfalls höhere Geister als die menschlichen fordert, die *Weltauffassung.* Ein Weltbild, das zwischen Tier und Gott keine anderen Stufen geistigen Genießens kennt als den Menschen, vermag uns wenig zu befriedigen, seitdem wir die unendliche Fülle des physischen Universums kennengelernt haben und die Dämonenwelt des Volksglaubens aus der Natur vertreiben mußten. Wir sehnen uns nach Geistern, die unsern Idealen gleichen, und verstehen nicht die enge Begrenzung einer unendlichen Macht, die zahllose Weltsysteme schaffen sollte, um auf einem Sandkorn wie die Erde ein Geschlecht wie das unsre als höchstes Produkt des Lebens zu erzeugen.

In der Weltauffassung sind wir nicht so eng an die ästhetische Grenze gebunden wie in der Dichtung. Denn die Weltauffassung arbeitet nicht wie die Kunst mit der unmittelbaren Gegenwart des sinnlichen Bildes, son-

„Wir haben eine Nachricht ausgesandt, die für mögliche intelligente Lebewesen in den Tiefen des Alls bestimmt ist. Der Funkspruch wurde von einem Observatorium in Großbritannien aufgezeichnet. Die Leute dort haben nichts verstanden."

dern mit konstruierenden Gedanken und religiösen Gefühlen.

Poesie wie Weltanschauung sind also der Wissenschaft gegenüber beide dadurch gebunden, daß sie dem wissenschaftlichen Standpunkt ihrer Zeit nicht widersprechen dürfen; die Poesie aber steht sich dabei noch schlechter, weil sie zugleich ästhetisch und anschaulich bleiben muß. Dafür ist jedoch die Dichtung in einer anderen Richtung freier als der Glaube. Wenn nämlich die wissenschaftlichen Erkenntnisse, wie das ihre Aufgabe ist, weiter fortschreiten und zu neuen Auffassungen des Weltzusammenhangs gelangen, so verlieren dadurch Kunstwerke, die auf Grund des veralteten Standpunkts geschaffen sind, nicht im geringsten ihren Wert; es kann nur späterhin die Poesie in ihren Mitteln der Darstellung beschränkt werden. Die Odyssee bleibt schön, unabhängig von den Fortschritten des Weltverkehrs, aber ein Roman, der sich in der Gegenwart abspielt, darf sich nicht auf Homerischer Geographie aufbauen.

Vor dieser Gefahr des Dogmatisierens hat sich die Weltanschauung jeder Zeit zu hüten, damit sie nicht mit dem Fortschritt der Erfahrung in Widerspruch gerate. Die Poesie ist dieser Gefahr entzogen, weil ihr das wissenschaftliche Zeitbewußtsein nur als Stoff dient. Ist es einmal durch die Dichtung in Form umgewandelt, so besitzt es eine neue Realität, eine eigene Bestimmung, die es unabhängig macht vom Wandel der Erkenntnis. Es besteht von nun ab nicht mehr als Ergebnis der Wissenschaft, sondern als *Idee*. Es gründet sein Bestehen nicht mehr auf Naturerkenntnis, sondern hat sein eigenes Leben im Reiche der Phantasie als jene Macht, die wir den schönen Schein nennen. Sie ist es, die das künstlerische Produkt unwiderlegbar macht, weil es auf eigenem, auf ästhetischem Gesetze beruht.

Gelingt es der Dichtung, die hypothetischen Bewohner der Planeten auf diesen Boden der ästhetischen Idee zu stellen, so können sie ihr von der Wissenschaft nicht bestritten werden, die ja über ihre physische Existenz nicht endgültig zu entscheiden vermag. Und fordert die Weltauffassung für uns Brüder in den Sternenweiten, so braucht auch sie keine Widerlegung durch die Astronomie zu fürchten.

Kurd Laßwitz:
„Unser Recht auf Bewohner anderer Welten" (1910)

Sagan: Kosmische Kontaktaufnahme

In der Neuzeit sind es vor allem die Astronomen Josif Schklowsky in Rußland und Carl Sagan in den USA, die durch eine Vielzahl von Büchern und Aufsätzen die Öffentlichkeit mit der Möglichkeit des Vorhandenseins außerirdischen Lebens und den Mitteln, danach zu suchen, vertraut gemacht haben. Carl Sagan ist Professor für Astronomie und Raumforschung sowie Direktor des Laboratory for Planetary Studies an der Cornell University in Ithaca, New York. Für seine mit Mariner 9 durchgeführten Untersuchungen des Mars wurde Sagan von der NASA mit der Medaille für außerordentliche Verdienste ausgezeichnet.

Im folgenden Beitrag erzählt Carl Sagan die Entstehungsgeschichte der Plakette, die mit den Raumsonden Pioneer 10 und 11 in die Tiefen des Alls getragen wurde:

Der erste ernsthafte Versuch der Menschheit, mit extraterrestrischen Zivilisationen in Kommunikation zu treten, fand am 3. März 1972 statt – mit dem Start der Raumsonde Pioneer 10 in Kap Kennedy. Die Pioneer 10 war das erste Raumfahrzeug, das die Umgebung des Planeten Jupiter und auf seiner Reise dorthin den Asteroidengürtel, der sich zwischen den Umlaufbahnen von Mars und Jupiter befindet, erforschen sollte. Seine Bahn wurde von keinem der zahllosen vagabundierenden Kleinplaneten gestört – der Sicherheitsfaktor lag bei 20 : 1. Am 1. Dezember 1973 näherte sich die Pioneer 10 dem Jupiter; sie wurde durch die Gravitation des Riesenplaneten beschleunigt und zum ersten von Menschen geschaffenen Objekt, das auf dem Weg ist, das Sonnensystem zu verlassen. Die Geschwindigkeit der Sonde wird dann etwa elf Kilometer pro Sekunde betragen.

Bis heute ist die Pioneer das schnellste Objekt, das die Menschheit je gebaut hat. Aber der Raum ist nahezu leer, und die Entfernungen zwischen den Sternen sind riesig. Innerhalb der nächsten 10 Milliarden Jahre wird die Pioneer 10 kein planetarisches System irgendeines anderen Sterns erreichen, selbst wenn man einmal annimmt, daß alle Sterne in der Galaxis derartige planetarische Systeme besäßen. Das Raumschiff würde allein 80 000 Jahre brauchen, um die Entfernung bis zum nächsten Stern, etwa 4,3 Lichtjahre entfernt, zurückzulegen. Aber die Pioneer 10 ist nicht dazu bestimmt, zum nächsten Stern zu fliegen. Vielmehr steuert sie einen Punkt in der Himmelssphäre an – in der unmittelbaren Nachbarschaft der Sternbilder Stier und Orion –, an dem sich in näherer Umgebung keine Sterne befinden.

Es wäre denkbar, daß das Raumschiff nur dann einer extraterrestrischen Zivilisation begegnet, wenn diese die Technik des interstellaren Raumflugs beherrscht und in der Lage ist, derartig unauffällige Objekte zu orten, abzufangen und zu bergen.

Eine Botschaft an Bord der Pioneer 10 zu plazieren, glich also in etwa dem Unterfangen eines schiffbrüchigen Seemanns, der eine Flaschenpost ins Meer wirft – nur ist der Weltraum weitaus größer als jedes Gewässer der Erde.

Als ich auf die Möglichkeit, eine Botschaft in einer Raumzeitalterflaschenpost unterzubringen, aufmerksam wurde, nahm ich Verbindung mit dem Planungsbüro von Pioneer 10 und mit dem NASA-Hauptquartier auf, um zu erfahren, ob eine reelle Chance bestand, diesen Vorschlag in die Tat umzusetzen. Zu meinem großen Erstaunen und zu meiner Freude fand meine Idee auf der gesamten Stufenleiter der NASA-Hierarchie Zustimmung, trotz der Tatsache, daß es – unter normalen Umständen – schon reichlich spät war, um am Raumfahrzeug auch nur die geringste Änderung vorzunehmen. Bei einem Treffen der American Astronomical Society im Dezember 1971 in San Juan in Puerto Rico diskutierte ich mit meinem Kollegen Professor Frank Drake, ebenfalls von der Cornell University, ganz privat verschiedene Arten von Botschaften durch. Schon nach wenigen Stunden hatten wir uns provisorisch auf eine Möglichkeit des Inhalts der Botschaft geeinigt. Die menschlichen Gestalten wurden von meiner Frau Linda Salzman-Sagan beigesteuert. Wir bilden uns nicht ein, daß das Resultat die beste und verständlichste Botschaft für einen solchen Zweck darstellt, aber uns standen für die Vorlage der Idee, den Entwurf der Botschaft, die Zustimmung der NASA und für die Gravierung der endgültigen Platte insgesamt nur drei Wochen zur Verfügung. Bei einer ähnlichen Mission im Jahre 1973 wurde eine weitere Plakette, die mit der ersten identisch ist, an Bord der Pioneer 11 gestartet.

Die Botschaft ist in eine 6 x 9 Zoll (ca. 15 x 22 cm) große mit Gold beschichtete Aluminiumplatte eingraviert und an der Antennenverstrebung der Sonde befestigt. Die zu erwartende

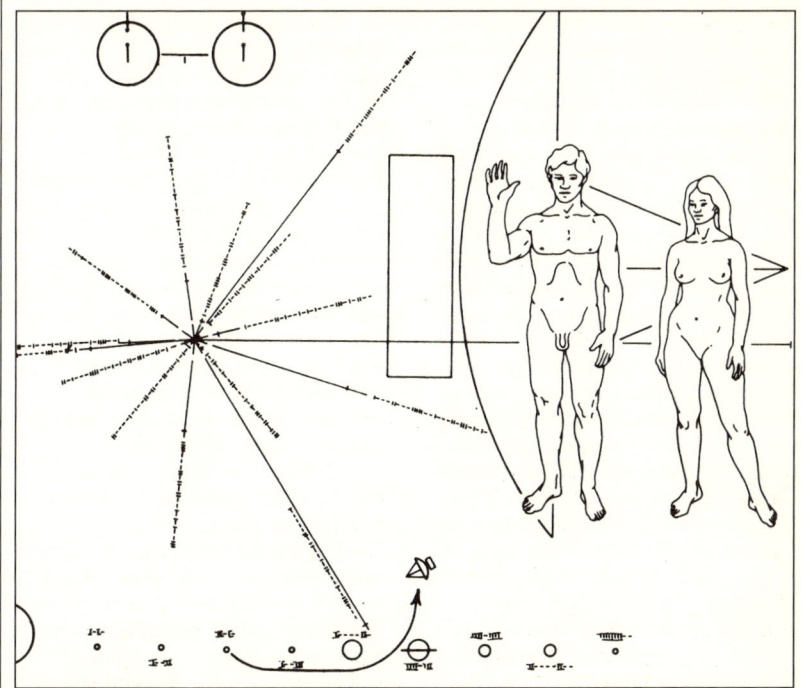

Aluminiumplaketten an Bord von Raumsonden wie „Pioneer 10" tragen eingravierte Botschaften der NASA für intelligente Lebewesen auf fremden Planeten.

Erosionsrate im interstellaren Raum ist nicht besonders groß, so daß man annehmen darf, daß diese Botschaft ein paar hundert Millionen Jahre intakt bleibt, wahrscheinlich aber noch viel länger. Somit stellt sie das Artefakt der Menschheit mit der größten Lebenserwartung dar.

Die Botschaft selbst soll etwas über den Ort, die Zeit und ein wenig über das Wesen der Erbauer des Raumschiffs aussagen. Sie ist in der einzigen Sprache geschrieben, die wir mit den potentiellen Empfängern gemeinsam haben: der der Wissenschaft. In der linken oberen Hälfte befindet sich eine schematische Darstellung des Übergangs (Quantensprungs) bei neutralen Wasserstoffatomen von parallelem zu antiparallelem Protonen- und Elektronen-Spin. Unter dieser Darstellung steht die Binärzahl 1. Derartige Übergänge des Wasserstoffs sind von der Emission eines Photons mit der Radiofrequenz von etwa 21 cm Wellenlänge und der Frequenz von etwa 1,420 Megahertz begleitet. Mit dem

Übergang ist also sowohl eine ganz bestimmte Entfernung als auch eine bestimmte Zeit verbunden. Da der Wasserstoff das am häufigsten vorkommende Atom in der Galaxis ist und da die physikalischen Gesetze für die gesamte Galaxis gelten, glauben wir, daß es für eine fortgeschrittene Zivilisation keine Schwierigkeit bedeutet, diesen Teil der Botschaft zu verstehen. Zur Bestätigung dieser Information steht auf dem rechten Rand zwischen zwei Zeichen, die die Höhe des Pioneer-10-Raumschiffes angeben, das hinter dem Mann und der Frau schematisch dargestellt ist, die Binärzahl 8 (I−−−). Einer Zivilisation, die in den Besitz der Platte gelangt, steht natürlich auch das Raumschiff zur Verfügung, so daß sie feststellen kann, ob die angegebene Entfernung dicht bei 8 x 21 = 168 cm liegt. Ist das der Fall, wird damit gleichzeitig bestätigt, daß das Symbol in der linken oberen Hälfte die angedeutete Wasserstoffumwandlung darstellt.

Weitere Binärzahlen sind in dem radialen Muster im Hauptteil des Diagramms im linken Mittelfeld angegeben. Diese Zahlen würden in der dezimalen Schreibweise 10 Ziffern umfassen. Sie können nur Entfernungen oder Zeiten bedeuten. Wenn es sich um Entfernungen handelt, dann stehen sie für mehrmals 10^{11} Zentimeter oder für einige Dutzendmal die Entfernung zwischen Erde und Mond. Es ist höchst unwahrscheinlich, daß wir sie zur Kommunikation verwenden würden. Wegen der ständigen Bewegung der einzelnen Körper innerhalb des Sonnensystems verändern sich diese Entfernungen fortwährend und auf komplexe Weise.

Die entsprechenden Zeiten sind jedoch in der Folge von $^1/_{10}$ Sekunden bis zu 1 Sekunde angeordnet. Das sind die charakteristischen Perioden von Pulsaren, den natürlichen und regelmäßigen Quellen kosmischer Radiostrahlung; Pulsare sind schnell rotierende Neutronensterne, die bei katastrophenartigen stellaren Explosionen entstanden sind. Ich glaube, daß eine wissenschaftlich fortgeschrittene Zivilisation keine Schwierigkeiten haben wird, in dem radialen Strichmuster die Positionen und Perioden von 14 Pulsaren im Bezug zu dem Sonnensystem, in dem die Sonde gestartet wurde, zu verstehen.

Pulsare sind darüber hinaus kosmische Uhren, weil ihre Pulsfrequenz mit der Zeit immer langsamer wird. Die Empfänger der Botschaft müssen sich also nicht nur die Frage stellen, von wo aus man 14 Pulsare in einer so charakteristischen Anordnung sehen kann, sondern auch, *wann* das der Fall gewesen ist. Die Antwort lautet: Nur von einem sehr kleinen Teil der Galaxis aus und nur während eines einzigen Jahrs in der Geschichte der Galaxis. Innerhalb dieses kleinen Abschnitts gibt es etwa 1000 Sterne, die als Ursprung in Frage kommen, aber nur von einem darf angenommen werden, daß er die gleiche Anordnung von Planeten mit den gleichen relativen Entfernungen besitzt, wie es im unteren Teil des Diagramms aufgezeigt ist. Die ungefähren Größen der Planeten und die Ringe des Saturn sind ebenfalls schematisch dargestellt sowie die anfängliche Flugbahn des Raumschiffs, das von der Erde startet und am Jupiter vorbeifliegt. Damit hebt die Botschaft aus etwa 250 Milliarden Sternen einen – die Sonne – und aus etwa 10 Milliarden Jahren eines – das Jahr 1973 – heraus.

Bis zu diesem Punkt sollte einer fortgeschrittenen extraterrestrischen Zivilisation, der natürlich auch das gesamte Pioneer-10-Fahrzeug zur gründlichen Untersuchung zur Verfügung steht, die Deutung der Botschaft keine Schwierigkeiten machen. Für den gewöhnlichen Mann auf der Straße ist die Botschaft wahrscheinlich weniger verständlich, wenn es sich dabei um eine Straße auf dem Planeten Erde handelt. (Wissenschaftliche Organisationen auf der Erde hätten allerdings keine Schwierigkeiten, die Botschaft zu entziffern.) Mit der Darstellung der menschlichen Wesen auf dem rechten Teil der Seite verhält es sich genau umgekehrt. Extraterrestrische Wesen, die das Produkt von vier, fünf oder mehr Milliarden Jahren unabhängiger biologischer Entwicklung sind, sehen vielleicht ganz und gar nicht wie Menschen aus, und auch ihre Perspektiven und Zeichensprachen mögen völlig anders sein als die unseren. Die menschlichen Wesen stellen für sie den geheimnisvollsten Teil der Botschaft dar.

Carl Sagan/Jerome Agel:
„Nachbarn im Kosmos"
(1973)

Egon Friedell: Ist die Erde bewohnt?

Wie abhängig unsere Vorstellungen vom Leben auf anderen Planeten von dem eigenen Erfahrungshorizont und den logischen Prämissen unseres Denkens sind, stellt der österreichische Schriftsteller und Kabarettist Egon Friedell (1878–1938) pointiert dar.

In ihrer genaueren Formulierung lautete diese Frage, die vor zwei Lichtjahren auf dem innersten Planeten des Sternenpaars Cygni („die Schwäne"), eines der uns zunächst gelegenen Sonnensysteme, gestellt wurde: „Sind die Trabanten des Fixsterns Sol bewohnt oder wenigstens bewohnbar?"

Sie wurde von den Gelehrten einstimmig verneint. Sie erklärten:

„1. Nur Planeten von Doppelsonnen sind bewohnbar, weil nur sie durch die einander aufhebenden Anziehungskräfte der beiden Gegensonnen in Gleichgewicht und Ruhe erhalten werden. Sol ist jedoch ein Einzelstern und seine Planeten daher Drehsterne. Die hiedurch bewirkte grauenvolle Bewegung läßt jeden Gedanken an dortiges Leben als Wahnwitz erscheinen.

2. In der Atmosphäre der Soltrabanten wurden beträchtliche Mengen des Sauerstoffs festgestellt, jenes bösartigen Giftgases, von dem schon geringe Spuren genügen, um alle Lebenskeime zu vernichten.

3. Der Sauerstoff verbindet sich auf den Satelliten unseres Nachbarsternchens mit einem zweiten Stoff, über den noch nichts Genaueres bekannt ist, zu einem Gas von einer für Cygnoten ganz unvorstellbaren Dichte, das große Teile der Planeten-

oberfläche mit einer tiefen Kruste überzieht. Daß es gänzlich unmöglich ist, in oder auf diesem Medium zu leben, bedarf wohl keiner weiteren Erörterung.

4. Es steht völlig außer Zweifel, daß auf keinem Soltrabanten die Durchschnittswärme 500 Grad übersteigt, ja auf manchen sinkt sie bis zu 100 Grad! In einer Temperatur, die so weit davon entfernt ist, Violettglut erzeugen zu können, vermag Leben nicht zu entstehen, geschweige denn sich zu höheren Formen zu entwikkeln.

5. Sol ist einer der lichtschwächsten Fixsterne. Die gesamte Lichtmenge, die er während eines Solarjahres produziert, würde gerade noch genügen, um die Bewohner des nächsten seiner Planeten eine Cygnalsekunde lang zu ernähren! Selbst wenn man also einen Augenblick lang die absurde Hypothese annehmen wollte, daß auf einem sauerstoffverpesteten, in blitzschneller Rotation befindlichen Ball ,Lebewesen' existieren können, so könnten diese eben nur einen Augenblick lang leben, denn im nächsten wären sie bereits an Lichthunger elend zugrundegegangen.

6. Sämtliche Solplaneten sind ungeheuer schwer. Selbst der leichteste von ihnen, der dreiundzwanzigste, wiegt noch immer etwa vierzigtausendmal so viel wie beide Cygni zusammen. Infolgedessen müssen diese Monstra eine Gravitationskraft besitzen, die die Existenz luftartiger Geschöpfe völlig ausschließt. Da Leben nur in Gasform möglich ist, so erledigt sich schon durch diese Tatsache die ganze Frage nach der Bewohnbarkeit dieser Weltkörper.

7. Da Sol eine immerhin mehrtausendfach höhere Temperatur und eine viel geringere Dichte als seine Planeten besitzt, so wäre die Möglichkeit, daß er selbst bewohnt ist, theoretisch denkbar. Aber auch sie muß verneint werden, denn die Spektralanalyse hat festgestellt, daß er einen hohen Prozentsatz an Eisen enthält. Von diesem furchtbaren Gas würde ein Milligramm ausreichen, um Myriaden von Cygnoten durch die Kraft seines Magnetismus auf der Stelle zu töten. Die ehernen Naturgesetze, die die Wissenschaft entschleiert hat, gelten eben auch für die Lebenserscheinungen und entspannen unerbittlich den ganzen Kosmos, weshalb man müßige Spekulationen über die Bewohnbarkeit unserer benachbarten Liliputsonne und ihrer toten Drehsterne den Romanschriftstellern überlassen sollte."

Nur ein verrückter Privatdozent der Philosophie erklärte: „Selbstverständlich sind alle Solplaneten bewohnt, wie überhaupt alle Weltkörper. Ein toter Stern: das wäre ein Widerspruch an sich selbst. Jeder Weltkörper stellt eine Stufe der Vollkommenheit dar, einen der möglichen Grade der Vergeistigung. Jeder ist ein Gedanke Gottes: also lebt er und ist er belebt, wenn auch seine Bewohner vielleicht nicht immer so aussehen wie ein Professor der cygnotischen Astronomie"; worauf ihm wegen Verhöhnung der Fakultät die Befugnis zur öffentlichen Gedankenübertragung entzogen wurde.

Egon Friedell:
„Ist die Erde bewohnt?"

Das Weltall in der Literatur

Die Frage nach dem Rang und der Zukunft des Menschen im rätselhaften Universum hat die Dichter und Philosophen zu allen Zeiten inspiriert. Astronomische Fakten und der kühne Flug der Phantasie gehen in den verschiedensten Zeitepochen ganz unterschiedliche Symbiosen ein.

Sternennacht (Stich aus dem 19. Jahrhundert)

Brockes: Das Reich der Sonnen

Der Hamburger Barockdichter Barthold Heinrich Brockes (1680–1747) war mit den intellektuellen Tendenzen des Auslands, mit der Literatur, Philosophie und Naturwissenschaft wohlvertraut. In verschiedenen Gedichten seiner umfangreichen physikalisch-theologischen Gedichtesammlung „Irdisches Vergnügen in Gott" (1721–1748) formuliert er den im deutschen Sprachraum relativ neuen Gedanken, daß wir nicht allein im Kosmos sind, und stellt die Frage nach dem Rang des Menschen in einem unendlichen, belebten Kosmos.

Das Sonnenreich

Denn wer glaubt nicht, GOtt zur Ehr,
　Daß der Raum ohn alle Gränzen
　　nicht von Creaturen lehr,
Sondern ebenfals von Wundern seiner
　　Macht und Weisheit voll?
Wer dem wiedersprechen wollte,
　　denckt fürwahr nicht wie er soll.
Heischet es des Menschen Pflicht, von
　　der GOttheit stets das Gröste,
Herrlichst', Allerwürdigste, das Voll-
　　kommenste, das Beste
Zu gedencken und zu glauben; so
　　wird man ja dieß nicht fassen,
Daß der Schöpfer solchen Raums
　　tieffe Tieffen leer gelassen;
Leer von allen Gegenwürffen seiner
　　Weisheit, seiner Liebe,
Die ihn doch allein die Wunder, die er
　　schuf, zu schaffen triebe.

Barthold Heinrich Brockes:
„Irdisches Vergnügen in Gott"
(1721–1748)

Immanuel Kant: Der gestirnte Himmel über mir...

Der Philosoph Immanuel Kant (1724 – 1804) schied bei der Abfassung seiner Kritiken die sinnlich zu erfahrende und die innere Welt. Wahre Größe und Erhabenheit ist weniger am „bestirnten Himmel" mit seinem Heer von Welten zu finden, wie es noch in seiner „Allgemeinen Naturgeschichte und Theorie des Himmels" (1755) der Fall war, sondern „im Menschen selbst", nach dem berühmten Wort im Beschluß der „Kritik der praktischen Vernunft" (1788):

Zwei Dinge erfüllen das Gemüt mit immer neuer und zunehmenden Bewunderung und Ehrfurcht, je öfter und anhaltender sich das Nachdenken damit beschäftigt: Der bestirnte Himmel über mir, und das moralische Gesetz in mir. Beide darf ich nicht als in Dunkelheiten verhüllt, oder im überschwenglichen, außer meinem Gesichtskreise, suchen und bloß vermuten, ich sehe sie vor mir und verknüpfe sie unmittelbar mit dem Bewußtsein meiner Existenz. Das erste fängt von dem Platze an, den ich in der äußern Sinnenwelt einnehme, und erweitert die Verknüpfung, darin ich stehe, ins unabsehlich-Große mit Welten über Welten und Systemen von Systemen, überdem noch in grenzenlose Zeiten ihrer periodischen Bewegung, deren Anfang und Fortdauer. Das zweite fängt von meinem unsichtbaren Selbst, meiner Persönlichkeit, an, und stellt mich in einer Welt dar, die wahre Unendlichkeit hat, aber nur dem Verstande spürbar ist, und mit welcher (...) ich mich nicht (...) in bloß zufälliger, sondern allgemeiner und notwendiger Verknüpfung erkenne. Der erstere Anblick einer zahllosen Weltenmenge vernichtet gleichsam meine Wichtigkeit, als eines tierischen Geschöpfs, das die Materie, daraus es ward, dem Planeten (...) wieder zurückgeben muß, nachdem es eine kurze Zeit (...) mit Lebenskraft versehen gewesen. Das zweite erhebt dagegen meinen Wert, als einer Intelligenz, unendlich, durch meine Persönlichkeit, in welcher das moralische Gesetz mir ein von der Tierheit und selbst von der ganzen Sinnenwelt unabhängiges Leben offenbart, wenigstens so viel sich aus der zweckmäßigen Bestimmung meines Daseins durch dieses Gesetz, welche nicht auf Bedingungen und Grenzen dieses Lebens eingeschränkt ist, sondern ins Unendliche geht, abnehmen läßt. (...) Die Weltbetrachtung fing von dem herrlichsten Anblicke an, den menschliche Sinne nur immer vorlegen und unser Verstand in ihrem weiten Umfange zu verfolgen nur immer vertragen kann, und endigte – mit der Sterndeutung. Die Moral fing mit der edelsten Eigenschaft in der menschlichen Natur an, deren Entwickelung und Kultur auf unendlichen Nutzen hinaussieht, und endigte – mit der Schwärmerei, oder dem Aberglauben.

Immanuel Kant:
„Kritik der praktischen Vernunft"
(1788)

Grabstein Kants mit der Maxime aus der „Kritik der praktischen Vernunft"

IMMANUEL
KANT

1724✶   ✞1804.

Zwei Dinge erfüllen
das Gemüt mit immer neuer
und zunehmender Bewunde-
rung und Ehrfurcht, je öfter
und anhaltender sich das Nachdenken damit beschäftigt:
Der bestirnte Himmel über mir
und das moralische
Gesetz in mir.

Schillers Ermahnung der Astronomen

Friedrich Schiller (1759 – 1805) formu-
liert den gleichen Gedanken in seinem
1800 erstmals erschienenem Gedicht:

An die Astronomen

Schwatzet nicht so viel von Nebel-
    flecken und Sonnen,
Ist die Natur nur groß, weil sie zu
    zählen euch gibt?
Euer Gegenstand ist der erhabenste
    freilich im Raume,
Aber, Freunde, im Raum wohnt das
    Erhabene nicht.
             Friedrich Schiller:
        „An die Astronomen" (1800)

Tycho Brahes Sextant, ein astronomisches
Winkelmeßinstrument

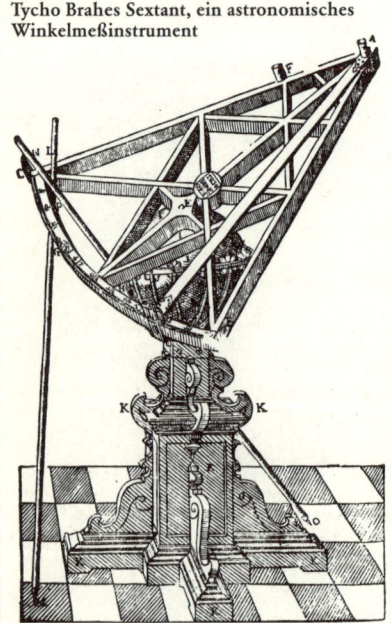

E. A. Poe: Die großen Geheimnisse der Physik

Der amerikanische Schriftsteller Edgar
Allan Poe (1809 – 1849) ist heute vor
allem durch seine phantastischen Erzäh-
lungen und Gedichte bekannt. Er selbst
fühlte sich mehr als Naturphilosoph und
fristete seinen Lebensunterhalt als freier
Schriftsteller, Journalist und Redakteur.
In seiner Abhandlung „Heureka", in der
sich astronomisch-kosmologische Fakten
mit kühner Phantasie mischen, fand Poe
heute noch gültige erste Ansätze zur
Lösung des Problems des dunklen Nacht-
himmels, daß nämlich das Weltall nicht
nur von endlicher Ausdehnung, sondern
auch von endlicher Lebensdauer ist.

Kein astronomischer Trugschluß ist
unhaltbarer – und an keinem hat man
mit mehr Zähigkeit festgehalten – als
der von einer absoluten *Unbegrenztheit*
des Universums der Gestirne.
Die Gründe für eine Begrenztheit, wie
ich sie bereits *a priori* dargetan habe,
scheinen mir schlicht unwiderlegbar;
aber, diese ganz aus dem Spiel gelassen, bestätigt uns die *Beobachtung*, daß
es, in zahlreichen Richtungen um uns
herum (wenn nicht gar in allen) eine
positive Begrenzung gebe – oder, zum
allermindesten, liefert sie uns nicht
die geringste Grundlage, etwas anderes
anzunehmen. Wäre die Folge der
Sterne nämlich endlos, dann müßte ja
der allgemeine Himmelshintergrund
in einem schwachen Licht erscheinen,
ähnlich dem, wie es die Milchstraße
von sich gibt – *wäre dann doch prak-*
tisch kein Punkt, in all dem Hinter-
grunde, wo nicht ein Stern stünde! Die
einzige Art auf die wir, bei solcher
Lage der Dinge, die Leerstellen erklären

Edgar Allan Poe

strebten, habe ich bereits angemerkt, daß ‚mit gewissen, später zu erwähnenden Ausnahmen, jedwedem Körper auf Erden nicht nur die Tendenz zum Mittelpunkt der Erde, sondern in jeder nur denkbaren Richtung außerdem' innewohne. Dies ‚Ausnahmen', bezieht sich auf jene häufigen Lücken im Himmel, wo unsere sorgfältigste Beobachtung nicht nur keine stellaren Gebilde, sondern auch nicht einmal Andeutung von deren Vorhandensein zu entdecken vermag – wo aufgähnende Abgründe, schwärzer denn Erebus, uns flüchtige Blicke durch die Grenzmauern des Universums der Gestirne hindurch & hinein in das schrankenlose Universum der Leere jenseits zu gewähren scheinen.

Wir begreifen also nunmehr die Verinseltheit unsres Universums. Wir erkennen die Isoliertheit *dessen – all dessen –* was wir mit unsern Sinnen erfassen. Wir wissen, daß ein *Haufen aller Haufen* existiert – eine Ansammlung, um die herum sich, auf allen Seiten, nicht auszumessende Ödnisse aus Raum dehnen, *aller menschlichen Wahrnehmung nach* von nichts bewohnt. Aber *weil* wir, in Ermangelung weiterer Daten seitens unserer Sinne, uns genötigt sehen, an den Grenzen des Universums der Gestirne innezuhalten: haben wir deshalb ein Recht zu der Folgerung, daß sich jenseits dessen, was wir uns bis hierher dergestalt erarbeiten durften, nun auch *wirklich* kein materieller Punkt mehr befinde? Haben wir, bzw. haben wir nicht, ein Recht zu dem Analogieschluß, daß dies wahrnehmbare Universum – daß dieser Haufen aller Haufen – nur 1 sei von *einer Serie* aus Haufen-aller-Haufen, deren übrige

könnten, die unsere Teleskope uns in zahllosen Richtungen erblicken lassen, wäre dann die: anzunehmen, wie die Entfernung jenes unsichtbaren Hintergrundes eben derart ungeheurlich sei, daß uns bisher noch kein Lichtstrahl von dort überhaupt erreicht habe. Das dem so sein *könne,* Wer wird das zu bestreiten wagen? Ich behaupte ja auch nur ganz schlicht, daß wir nicht einmal den Schatten eines Grundes haben, zu glauben, daß dem so *sei.* Als ich früher von dem populären Hang zu der Vorstellung sprach, wie sämtliche irdischen Körper lediglich zum Zentrum der Erde hin

Mitglieder uns vor lauter Entfernung unsichtbar blieben – weil die Schwächung ihres Lichtes, bevor es uns erreiche, so übermäßig sei, daß es auf unserer Netzhaut keinen Lichteindruck mehr hervorbringe – oder weil es in jenen unaussprechlich fernen Welten eine solche Emanation wie „Licht" überhaupt nicht gebe – oder, schließlich & endlich, weil der bloße Abstand von uns derart ungeheuerlich wäre, daß die elektrische Nachricht von ihrer Mit-Anwesenheit im Raum, eben noch nicht – trotz all der ablaufenden Myriaden von Jahren – imstande gewesen sei, jenen Abstand zu durchreisen? Haben wir ein Recht zu Annahmen – haben wir irgend 1 Grund für Visionen solcher Art? Falls wir auch nur im *geringsten* Grade ein Recht dazu hätten, dann hätten wir auch das -recht, sie bis ins unendliche fortzusetzen.

Das menschliche Gehirn hat unverkennbar eine Vorliebe für das „*Unendliche*", und hätschelt das Fantom dieser Idee. Es scheint sich mit einer leidenschaftlichen Inbrunst nach dieser unmöglichen Vorstellung zu sehnen; vielleicht mit der stillen Hoffnung, sie, wenn man sie sich so recht vorstelle, dann auch intellektuell glauben zu können. Nun kann natürlich etwas, was der ganzen Gattung Mensch gemeinsam ist, nicht gut von 1 Individuum dieser Gattung für von ihm als abnorm betrachtet beteuert werden; nichtsdestoweniger *könnte* es eine Klasse von überlegenen Intelligenzen geben, in deren Augen eine Parteilichkeit, wie die ebenerwähnte menschliche, alle Merkmale einer fixen Idee trüge.

Aber immer noch ist meine Frage unbeantwortet geblieben: – haben wir irgendein Recht zu dem Schluß –

sagen wir vorsichtshalber, zu der Imagination – einer unbegrenzten Folge von „Haufen-aller-Haufen", bzw. von mehr oder weniger ähnlichen „Universen"?

Ich erwidere, daß das „Recht" in Fällen wie diesem, gänzlich von der Kühnheit der betreffenden Imagination abhänge, die es wage, solches Recht zu beanspruchen. Ich möchte hierzu lediglich erklären, wie ich, als Individuum, mich gedrungen fühle mir *einzubilden* – ich wage gar nicht, es anspruchsvoller auszudrücken – daß es eine *unbegrenzte* Folge von *Universen gebe*; sämtlich mehr oder weniger dem ähnlich, von welchem wir Kenntnis haben – von welchem wir *einzig* jemals Kenntnis haben werden – zum allermindesten bis zum Zeitpunkt der Rückkehr unsres eigenen speziellen Universums in die Einheitlichkeit. *Falls* jedoch solche Haufenaller-Haufen existieren sollten – *und sie tun es* – dann ist es mehr als klar, daß sie, die nicht Anteil an unserm Ursprung hatten, auch keinen Teil haben werden an unseren Gesetzen. Weder ziehen sie uns an, noch wir sie. Ihre Materie – ihr Geist – ist nicht der unsrige – ist nicht der, der in irgendeinem Teil unsres Universums vorwaltet. Sie könnten uns nicht beeindrucken; nicht unsre Sinne, nicht unsre Seelen. Zwischen ihnen und uns – im Augenblick einmal Alles ganz pauschal betrachtet – gibt es keinerlei gemeinsame Einflüsse. Jedwedes existiert, abgesondert-für-sich & unabhängig, *im Busen seines eigenen & speziellen Gottes*.

Edgar Allan Poe:
„*Heureka*"
(1848)

Saint-Exupéry: Das Wesentliche ist unsichtbar

In seinem kleinen, aber berühmten Buch „Der kleine Prinz" stellt der Autor Antoine de Saint-Exupéry (1900–1944) in einer Passage das ebenso akribische wie vergebliche Bemühen der Astronomen dar, galaktische Phänomene positivistisch zu erfassen. Das Buch erschien ein Jahr vor seinem tödlichen Aufklärungsflug.

Der vierte Planet war der des Geschäftsmannes. Dieser Mann war so beschäftigt, daß er bei der Ankunft des kleinen Prinzen nicht einmal den Kopf hob.

„Guten Tag", sagte dieser zu ihm. „Ihre Zigarette ist ausgegangen."

„Drei und zwei ist fünf. Fünf und sieben ist zwölf. Zwölf und drei ist fünfzehn. Guten Tag. Fünfzehn und sieben ist zweiundzwanzig. Zweiundzwanzig und sechs ist achtundzwanzig. Keine Zeit, sie wieder anzuzünden. Sechsundzwanzig und fünf ist einunddreißig. Uff! Das macht also fünfhunderteine Million, sechshundertzweiundzwanzigtausendsiebenhunderteinunddreißig."

„Fünfhundert Millionen wovon?"

„Wie? Du bist immer noch da? Fünfhunderteine Million von... ich weiß nicht mehr... ich habe so viel Arbeit! Ich bin ein ernsthafter Mann, ich gebe mich nicht mit Kindereien ab. Zwei und fünf ist sieben..."

„Fünfhunderteine Million wovon?" wiederholte der kleine Prinz, der niemals in seinem Leben auf eine Frage verzichtete, die er einmal gestellt hatte.

Der Geschäftsmann hob den Kopf.

„In den vierundfünfzig Jahren, die ich auf diesem Planeten da wohne, bin ich nur dreimal gestört worden. Das erstemal war es vor zweiundzwanzig Jahren ein Maikäfer, der von weiß Gott wo heruntergefallen war. Er machte einen schrecklichen Lärm, und ich habe in einer Addition vier Fehler gemacht. Das zweitemal, vor elf Jahren, war es ein Anfall von Rheumatismus. Es fehlt mir an Bewegung. Ich habe nicht Zeit, herumzubummeln. Ich bin ein ernsthafter Mann. Und das ist nun das drittemal! Ich sagte also, fünfhunderteine Million..."

„Millionen wovon?"

Der Geschäftsmann begriff, daß es keine Aussicht auf Frieden gab:

„Millionen von diesen kleinen Dingern, die man manchmal am Himmel sieht."

„Fliegen?"

„Aber nein, kleine Dinger, die glänzen."

„Bienen?"

„Aber nein. Kleine goldene Dinger, von denen die Nichtstuer träumerisch werden. Ich bin ein ernsthafter Mann. Ich habe nicht Zeit zu Träumereien."

„Ach, die Sterne?"

„Dann sind es wohl die Sterne."

„Und was machst du mit fünfhundert Millionen Sternen?"

„Fünfhunderteine Million sechshundertzweiundzwanzigtausendsiebenhunderteinunddreißig. Ich bin ein ernsthafter Mann, ich nehme es genau."

„Und was machst du mit diesen Sternen?"

„Was ich damit mache?"

„Ja."

„Nichts. Ich besitze sie."

„Du besitzt die Sterne?"

„Ja."

„Aber ich habe schon einen König gesehn, der…"

„Die Könige besitzen nicht, sie ‚regieren über'. Das ist etwas ganz anderes."

„Und was hast du davon, die Sterne zu besitzen?"

„Das macht mich reich."

„Und was hast du vom Reichsein?"

„Weitere Sterne kaufen, wenn jemand welche findet."

Der da, sagte sich der kleine Prinz, denkt ein bißchen wie mein Säufer.

Indessen stellte er noch weitere Fragen:

„Wie kann man die Sterne besitzen?"

„Wem gehören sie?" erwiderte mürrisch der Geschäftsmann.

„Ich weiß nicht. Niemandem."

„Dann gehören sie mir, ich habe als erster daran gedacht."

„Das genügt?"

„Gewiß. Wenn du einen Diamanten findest, der niemandem gehört, dann ist er dein. Wenn du eine Insel findest, die niemandem gehört, so ist sie dein. Wenn du als erster einen Einfall hast und du läßt ihn patentieren, so ist er dein. Und ich, ich besitze die Sterne, da niemand vor mir daran gedacht hat, sie zu besitzen."

„Das ist wahr", sagte der kleine Prinz. „Und was machst du damit?"

„Ich verwalte sie. Ich zähle sie und zähle sie wieder", sagte der Geschäftsmann. „Das ist nicht leicht. Aber ich bin ein ernsthafter Mann."

Der kleine Prinz war noch nicht zufrieden.

„Wenn ich einen Seidenschal habe, kann ich ihn um meinen Hals wickeln und mitnehmen. Wenn ich eine Blume habe, kann ich meine Blume pflücken und mitnehmen. Aber du kannst die Sterne nicht pflücken!"

„Nein, aber ich kann sie in die Bank legen."

„Was soll das heißen?"

„Das heißt, daß ich die Zahl meiner Sterne auf ein kleines Papier schreibe. Und dann sperre ich dieses Papier in eine Schublade."

„Und das ist alles?"

„Das genügt."

Das ist amüsant, dachte der kleine Prinz. Es ist fast dichterisch. Aber es ist nicht ganz ernst zu nehmen.

Der kleine Prinz dachte über die ernsthaften Dinge völlig anders als die großen Leute.

„Ich", sagte er noch, „ich besitze eine Blume, die ich jeden Tag begieße. Ich besitze drei Vulkane, die ich jede Woche kehre. Denn ich kehre auch den erloschenen. Man kann nie wissen. Es ist gut für meine Vulkane und gut für meine Blume, daß ich sie besitze. Aber du bist für die Sterne zu nichts nütze…"

Der Geschäftsmann öffnete den Mund, aber er fand keine Antwort, und der kleine Prinz verschwand.

Die großen Leute sind entschieden ganz ungewöhnlich, sagte er sich auf der Reise.

Antoine de Saint-Exupéry:
„Der kleine Prinz"
(1943)

Arno Schmidt: Der pulsierende Raum

Arno Schmidt (1914–1979) gilt als einer der ungewöhnlichsten Schriftsteller im Nachkriegsdeutschland. Neben Kurzgeschichten und -romanen und Untersuchungen zur deutschen sowie angelsächsischen Literatur schrieb er umfangreiche Typoskripte, von denen „Zettels Traum" besondere Berühmtheit erlangte. Neben der Literatur galt der Astronomie sein besonderes Interesse. Hier sind einige seiner kosmologisch-philosophischen Gedankengänge, wie er sie in seiner Erzählung „Leviathan" im Herbst 1946 niederschrieb, in der ein düsteres, von der unmittelbaren Umgebung der Endkriegszeit geprägtes Weltbild skizziert wird.

Draußen

Dünne hohe Ruten beben im Wind, der über'n morschen Schnee seufzt; eine Kiefer federt gleichmäßig hin und her; man huschte und kauerte hinterm Gesträuch. Ich sah die Sterne; winzige lodernde Gesichter, kalkweiß und hellblau; Ursa majoris, die kleine; dazwischen der Drache. Die Lichtschleier am Horizont murrten unaufhörlich. Auch Anne bummelte hochhüftig hinter ihrem Busch hervor. Der alte Postbeamte trat höflich zu mir: „Auch ein Sternenfreund, Herr Unteroffizier?" Er zeigte mit dem Kopf nach hinten ins Gebränd: „Wie gut, daß es noch eine Unendlichkeit gibt – –." Ein hageres, leidlich würdiges Gesicht. Aber sie hörte. Ich drehte mich langsam (ho, eindrucksvoll!); ich sagte zerstreut: „Sie irren sich; nicht einmal die Unendlichkeit gibt es. – Glücklicher Homer –."

Er krauste erstaunt und höhnisch die nackte Stirn im Nachtlicht: „Kant. Schopenhauer", gab er heiter die weitere Richtung an, „wie stellen Sie sich das vor: die Stelle, wo der Raum ein Ende hat?" Auch der Pfarrer ließ sich von dem gestirnten Himmel über sich ergreifen: „Gott", gab er an, „ist unendlich –." Ich disputiere nie mit Frommen, ich sprach auch jetzt in Richtung unseres Sonderzuges: „Auch Sie irren sich; es gab einen Dämon von wesentlich grausamem, teuflischem Charakter, aber auch er existiert jetzt nicht mehr." Er sprach ergriffen: „Sie lästern! –" Wind. H J riß ein Streichholz an. Eine magere Sternschnuppe zog eine Silberbraue über Beteigeuze (an dem zornigen Namen besoff sich mein Vater einmal, so um 22, „Beteigeuze, die Riesensonne", Artikel im Fremdenblatt). Anne trat an mich heran: „Helfen Sie mir doch mal hoch", sagte sie; es geschah. Ihre glücklichen Augen. Wir stiegen alle ein. Der Alte fragte verächtlich aus dem Dunkel: „Also – wie denken Sie sich das: mit dem –" betont: „nicht-unendlichen Raum?" Anne drehte das Gesicht zu mir (man sah nur einen fahlen Fleck) und ich sprach:

„Unbegrenzt; aber nicht unendlich. Eine Kugeloberfläche: ist auch unbegrenzt, aber nicht unendlich. Wir können uns zwar nur Drei-Dimensionales vorstellen (eine Folge unserer Gehirnstruktur), aber folgen Sie mir einmal zur Erläuterung ins Zwei-Dimensionale. Eine „unendliche" Tischplatte, zwei gleichgroße Pappdreiecke darauf: die denkenden Dreiecke. Diese Wesen können sich in ihrem Raum nur umeinander verschieben; wollten sie z. B. ihre Kongruenz nachweisen, müßten sie Winkel und Seiten messen und trigonometrische Folgerungen ziehen; wir heben zum Nachweis nur eins der Dreiecke in unseren, um eine Dimension höheren Raum hinaus, und decken es auf das brüderlich andere. – Diese Gebilde stellten unter anderem folgende fundamentale Sätze auf: Eine Gerade ist die kürzeste Verbindung zweier Punkte, durch einen Punkt zu einer Geraden gibt es eine Parallele; aus dem Parallelensatz ergibt sich die Winkelsumme im Dreieck zu 180 Grad." – Hier schrie die Nutte hoch unkeusch und sagte: „Jetzt nicht!" – Ich sprach: „Ein weises Dreieck untersuchte eine in sich zurückgekrümmte, ebenfalls zweidimensionale Kugeloberfläche, und fand, daß dann die Geraden (d.h. die Linien kürzester Entfernung) Großkreise würden, es also keine Parallelen mehr gäbe, und die Winkelsumme größer als 180 Grad sei. Ein anderes fand, daß auf einer Pseudosphäre es bei Anwendung der gleichen Grundsätze unendlich viele Parallelen gebe (faßlich am Beltramischen Grenzkreis), und die Winkelsumme kleiner sei als 180 Grad. – Welcher dieser 3 möglichen zweidimensionalen Räume war nun der ‚wahre'; welche Geometrie galt? (Und übertragen Sie diese Gedankengänge auf alle n-dimensionalen Räume)."

Hacken tupften rhythmisch den Boden: „Wer Klavier spielt, hat Glück bei den Frau'n...“; Jugend fand sich im Gedicht; „... denn der Klang des gespielten Klavieres..." (Weiß Gott! „gespielten Klavieres"; wir sind gerichtet!). Der Alte fragte, schon unsicher: „Alles verstehe ich noch nicht – und welcher ist es denn –?" Ich sprach:

„Eine Dreiecksmessung entschiede alles (theoretisch); aber bei der Kleinheit des uns zugänglichen Raumes ist diese Methode nicht brauchbar. Aber z. B. die Anwendung des Dopplerschen Prinzips (der Messung von Radialgeschwindigkeiten durch Linienverschiebungen im Spektrum) ergab, daß die Geschwindigkeiten himmlischer Gebilde mit der Entfernung von uns wachsen, bis an die Grenze der Lichtgeschwindigkeit; eine zunächst völlig grundlos erscheinende Abhängigkeit. Denken Sie sich aber – wieder im 2-Dimensionalen – an eine Kugel eine Tangentialebene gelegt, und die sich auf der Kugeloberfläche annähernd gleichmäßig bewegenden Lichtpunkte auf diese Ebene projiziert, so haben Sie Ähnliches. Es gibt noch andere gewichtige Gründe. Das Ergebnis ist: unser Gehirn entwirft vereinfachend (biologisch ausreichend!) einen 3-dimensionalen, euklidischen, verschwommen-unendlichen Raum, eben ein Stückchen ‚Tangentialebene'; in Wahrheit aber ist dieser in sich zurück und in einen 4-dimensionalen hineingekrümmt (denken Sie an die Kugeloberfläche im 2-dimensionalen Beispiel); also mit endlichem, in Zahlen ausdrückbarem Durchmesser. Unbegrenzt aber nicht unendlich. –"
(...)

Anne fragte kauend (noch immer tricky, oh Du!) „Können Sie eine Zahl nennen? – Für den Durchmesser?" – Ich sprach: „Er schwankt. Dieser Raum pulsiert." (...)

Der Erzähler Arno Schmidt an seinem Schreibtisch

Mittag

Ich hatte mir meinen Brotbeutel umgehängt (falls wir den Wagen verlassen müssen) und mich an eine schwärzlich nasse Kiefer gelehnt. Auch die anderen standen zum Teil herum. Anne hatte eine Zigarette im Mundwinkel; plötzlich fragte sie: „Wieso pulsiert Ihr Raum denn – ?" und der Alte drängte sich heran. Ich war müde; ich runzelte unhöflich die Stirn, aber ich sagte angestrengt: „Im endlichen Raum ist sparsam Materie verteilt; ihre Gleichartigkeit ist bewiesen durch Spektralanalyse und Meteoreinfang. Ebenso ist aller zerteilten Materie Gravitation eigen; d. h. Wille zur Vereinigung aller Atome. Beides deutet gemeinsamen Ursprung an. – Denken Sie im 2-Dimensionalen an einen aufgeblasenen Kinderballon: ähnlich wurde eine Quantität Materie und mit ihr unser endlicher Raum mit begrenzter Energie ausgebläht. („Apropos, Blähungen –" sagte der eine Soldat, und ich nickte ingrimmig; wie wahr, mein Sohn, wie wahr! Anne lachte ehern). In den Fliehbewegungen der extragalaktischen Nebel mag sich noch diese ehemalige Ausdehnung unseres „Alls" andeuten; vielleicht ist die Lichtgeschwindigkeit irgendwie mit der dehnenden Kraft zu verbinden. (Strahlungsgesetze, Ausbreitungsgesetze: Licht, Schall – und Kontraktionsgesetze: Schwere – werden beide durch das Quadrat der Entfernung geregelt). Aber die Gummihaut will sich zusammenziehen: die Gravitation ist diese ‚Oberflächenspannung' des Weltalls, der Befehl zur Einholung des materiellen Universums, der

Beweis für die unvermeidliche Kontraktion. Die homogene, gravitationslose ‚Endkugel', in der keine physikalischen oder chemischen Umsetzungen mehr erfolgen, die also ohne Kausalität und eigenschaftslos ist, wird dann für Wesen mit unserer jetzigen Hirnleistung sofort verschwinden, mit ihr der geschrumpfte 3-dimensionale Raum, auch unsere Zeit. –"

Der Pfarrer hatte mitleidig und zerstreut zugehört, aber jetzt fragte er doch erstaunt und kindlich: „Wieso? – Verschwinden – –", und schüttelte völlig überrascht den gepolsterten Hohlkopf. Der Alte war eifrig wie ein Jagdhund geworden; das verstand er; denn seinen Schopenhauer schien er leidlich parat zu haben; er nickte gespannt und murmelte Passendes aus dem Satz vom Grunde. Der Himmel wurde schon an vielen Stellen blau; es würde Kälte kommen. (…)

Und der Alte soll seine Antwort haben. Ich röhrte meine Stimme frei; ich sagte barsch: „Sie wissen aus Ihrem Schopenhauer, daß die Welt Wille und Vorstellung ist, er hält bei dieser Erkenntnis inne, tut den letzten Schritt nicht; aber am Ende wird dies beides in einem Wesen furchtbarer Macht und Intelligenz vereinigt sein." Der Pfarrer hob lächelnd und heiligerfreut den Kopf: „Gott", sagte er nickend und beruhigt, „Sie kommen nicht um seine Tatsache herum –." Ich wandte nicht einmal die Augen; ich sprach: „Der Dämon. Er ist bald er selbst; bald west er in universaler Zerteilung. Zur Zeit existiert er nicht mehr als Individuum, sondern als Universum. Hat aber in allem den Befehl zur Rückkehr hinterlassen; Gravitation ist der Beweis hierfür im Körperlichen. (Die 80 Kugelsternhaufen weit über der galaktischen Ebene, sind sie nicht Vor- und Beispiel? Vielleicht mögen sie allmählich in die größeren Sternwolken aufgenommen werden, aber als Ganzes; denn ihre Kontraktion dürfte weit schneller erfolgen); im Geistigen deuten auf solchen Zwang: die Tatsachen des Gattungsbewußtseins (allen gemeinsame Flugträume usw.; die beweisbar gleiche Raum- und Zeitvorstellung aller Lebewesen: gemeinsamer Ursprung) die Unfreiheit des Willens im Handeln (weiser Schopenhauer! Mit allen Konsequenzen: Möglichkeit der Zukunftseinsicht, etwa durch Träume – J.W. Dunne. – Magie), im Tode Auflösung des Einzelwesens. (Wir wünschen unsere Perpetuierung als Individuen, und diese Wahlparole haben die Religionen – Christen, Mohammedaner – deshalb haben sie Anhänger; eine Lehre – wieder Schopenhauer – die das Vergehen des Individuums im ,Allwillen' wahrscheinlich macht, kann nie populär oder geliebt werden, auch nicht von dem, der sie für wahr erkennt; sie hat immer vom Medusischen). Die Akkumulierung der Intelligenz zu immer größeren Portionen – siehe Palaeontologie – spricht für diese Rekonstituierung des Dämons auch in geistiger Hinsicht (Möglichkeit ,übermenschlicher' Existenzen: Zauberer, Elementargeister – oh, Hoffmann – wieder die 80 Kugelsternhaufen).

Um das Wesen des besagten Dämons zu beurteilen, müssen wir uns außer uns und in uns umsehen. Wir selbst sind ja ein Teil von ihm: was muß also Er erst für ein Satan sein?! Und die Welt gar schön und

wohleingerichtet finden, kann wohl nur der Herr von Leibniz (...), der nicht genug bewundern mag, daß die Erdachse so weise schief steht, oder Matthias Claudius, der den ganzen Tag vor christlicher Freude sich wälzen und schreien wollte, und andere geistige Schwyzer. Diese Welt ist etwas, das besser nicht wäre; wer anders sagt, der lügt! Denken Sie an die Weltmechanismen: Fressen und Geilheit. Wuchern und Ersticken. Zuweilen ein reines Formgefühl: Kristalle, die Radiolarientafeln Haeckels (...); an sich liegt hier nur das technische Problem des Schwebens im Salzwasser vor, für welches sich die beste Näherung wohl rasch durch Selektion gefunden hätte. Andererseits: Molche, Schlangen, Spinnen, Fledermäuse, Tiefseefische, Lachs- und Aalwanderungen. Auch Cesare Borgia hatte viel Kunstverständnis. Gewiß ist unsere Einsicht räumlich und zeitlich begrenzt. Dennoch bleibt der Leviathan, der seine Bosheit bald konzentriert, bald in größter Mannigfaltigkeit und Verteilung genießen will. –

Nichts berechtigt uns nebenbei, anzunehmen, daß unser Leviathan einzig in seiner Art sei. Es mag viele Wesen seiner Größenordnung und unter ihnen auch gute, weiße, englische, geben. Wir sind allerdings leider an einen Teufel geraten. Si monumentum quaeris, circumspice (steht auf Sir Christopher's Grab)."

Arno Schmidt:
„*Leviathan*"
(1946)

Glossar

Andromedagalaxie oder Andromedanebel: die nächstgelegene, der Milchstraße an Größe vergleichbare Galaxie, die auch unter dem Namen Messier 31 bekannt ist. Ihre Entfernung beträgt 2,3 Millionen Lichtjahre. Die beiden Galaxien M31 und Milchstraße sind die massereichsten Mitglieder der lokalen Gruppe.

Antiteilchen: ein Elementarteilchen, aus dem sich die Antimaterie zusammensetzt, und das beinahe die gleichen Eigenschaften aufweist wie normale Materie. Der grundlegende Unterschied ist die elektrische Ladung, die das umgekehrte Vorzeichen hat. Das Antiteilchen des Elektrons ist das Positron, das des Protons ist das Antiproton, usw. Neutrale Teilchen wie das Photon sind ihre eigenen Antiteilchen. Wenn Teilchen und Antiteilchen in Kontakt kommen, zerstrahlen sie völlig, d. h. sie wandeln sich in Licht um. Wir leben in einem Materieuniversum, in dem Antimaterie selten ist: Man findet Antimaterie nur in der kosmischen Strahlung oder in Teilchenbeschleunigern bei hohen Energien.

Asteroid: ein unregelmäßig geformter, steinförmiger Himmelskörper, dessen Durchmesser bis zu 1000 km betragen kann. Seine Masse ist nicht groß genug, als daß die Schwerkraft ihn zu einer Kugel geformt hat, wie es bei den Planeten der Fall ist.

Atomkern: eine Ansammlung von Protonen und Neutronen, die durch die starke Wechselwirkung zusammengehalten werden. Die elektrische Ladung des Atomkerns ist gleich der Summe der Protonenladungen. Der Kern ist 100 000 mal kleiner als das Atom selbst, das einen Durchmesser von 10^{-10} cm besitzt.

Dichtefluktuationen: räumliche Schwankungen in der Dichteverteilung der Materie im Universum, die als Keime für die Entstehung von Galaxien, Galaxienhaufen und größeren Strukturen dienen. Solche Schwankungen sollten sich als winzige Temperaturschwankungen der Hintergrundstrahlung nachweisen lassen, und sie sind in der Tat 1992 vom COBE-Satelliten gefunden worden: Sie betragen etwa $1/30$ Millionstel Grad.

dunkle Materie: Materie unbekannter Art, die keine Strahlung aussendet. Die Existenz dieser unsichtbaren Materie ist ursprünglich aus Studien der Bewegung von Galaxien in Galaxienhaufen und von Sternen und Gas in Galaxien, später auch aus der relativen Häufigkeit der im Urknall erzeugten chemischen Elemente abgeleitet worden. Das Universum besteht möglicherweise bis zu 90–98 % aus dunkler Materie.

eletromagnetische Wechselwirkung: eine Kraft, die nur auf elektrisch geladene Teilchen wirkt. Sie bewirkt, daß sich Teilchen unterschiedlicher elektrischer Ladung anziehen und Teilchen gleicher Ladung abstoßen.

Elektron: das leichteste Elementarteilchen, das eine elektrische Ladung besitzt. Das Elektron hat eine Masse von 9×10^{-28} Gramm und ist negativ geladen.

Elementarteilchen: die grundlegenden Bausteine der Materie und der Strahlung. Was man als „elementar" ansieht, hat sich im Laufe der Zeit mit wachsendem Wissensstand geändert: Früher sah man Protonen und Neutronen als Elementarteilchen an, heute nimmt man an, daß sie aus drei Quarks aufgebaut sind. Elektron, Neutrino und Photon sind Beispiele für „richtige" Elementarteilchen.

elliptische Galaxie: eine Galaxie, deren an den Himmel projizierte Form eine Ellipse darstellt. Im allgemeinen besteht eine solche Galaxie aus alten Sternen und nur einem kleinen Bruchteil von Gas und Staub.

galaktische Scheibe: eine Ansammlung von Sternen, Gas und Staub in einer Spiralgalaxie, in Form einer abgeplatteten Scheibe. Die Scheibe der Milchstraße hat einen Durchmesser von etwa 90 000 Lichtjahren und eine Dicke von 3 000 Lichtjahren. In der Milchstraße laufen die Sterne in der Sonnenumgebung zusammen mit der Sonne etwa einmal in 250 Millionen Jahren um das Zentrum der Milchstraße herum; ihre Geschwindigkeit beträgt etwa 230 Kilometer pro Sekunde.

galaktischer Halo: eine kugelförmige Ansammlung alter Sterne und Kugelhaufen, die eine Spiralgalaxie umgibt. Beobachtungen deuten darauf hin, daß der sichtbare Halo von einem unsichtbaren Halo umgeben ist, der etwa zehnmal massereicher und ausgedehnter ist. Dieser besteht möglicherweise aus „dunkler Materie".

Galaxie: eine Ansammlung von etwa 10 Millionen (bei einer Zwerggalaxie) bis zu 10 Billionen Sternen (bei einer Riesengalaxie), die durch die Schwerkraft miteinander verbunden sind. Galaxien sind die Bausteine der Strukturen des Universums. Eine mittelgroße Galaxie wie die Milchstraße besteht aus 100 Milliarden Sternen.

Galaxie mit aktivem Kern: eine Galaxie, bei der der größte Teil der Strahlung aus einem zentralen Gebiet stammt, einem sehr kleinen Kern (Durchmesser etwa einige Lichtstunden bis Lichtmonate, milliardenmal kleiner als die Galaxie selbst). Die als Strahlung freigesetzte Energie kann aus der Aktivität eines Schwarzen Lochs stammen, das eine Masse von einigen zehn Millionen Sonnenmassen besitzt und Sterne, die in seiner Nähe vorbeikommen, verschlingt.

Galaxiengruppe: eine Ansammlung von etwa 20 Galaxien, die durch die Schwerkraft miteinander verbunden sind. Die Größe einer solchen Gruppe beträgt etwa 6 Millionen Lichtjahre, ihre Masse liegt zwischen 1 und 10 Billionen Sonnenmassen.

Galaxienhaufen: eine dichte Ansammlung von einigen tausend Galaxien, die durch die Schwerkraft miteinander verbunden sind. Der Durchmesser eines solchen Haufens beträgt im Mittel etwa 60 Millionen Lichtjahre, seine Masse beträgt einige Billionen Sonnenmassen.

Galaxienkannibalismus: ein Prozeß, in dessen Verlauf die Bewegung einer Galaxie durch die Schwerkraft einer anderen, massereicheren Galaxie gebremst wird, so daß sie in einer Spiralbahn auf die letztere zufällt und schließlich von ihr aufgezehrt wird. Die verschlungene Galaxie verliert ihre Identität, ihre Sterne mischen sich unter die Sterne der „kannibalistischen" Galaxie.

Galaxis: siehe Milchstraße.

Gammastrahlung: aus Photonen höchster Energie bestehende elektromagnetische Strahlung.

Gravitation oder Schwerkraft: Anziehungskraft, die auf alle Massen wirkt. Sie ist die schwächste aller Naturkräfte, besitzt aber die größte Reichweite.

große Leeren im Universum: diese als „voids" bezeichneten Bereiche im Universum, in denen man keine Galaxien findet, erstrecken sich über Gebiete von Dutzenden von Millionen Lichtjahren.

großer Attraktor: eine große Ansammlung von 100 Billionen Sonnenmassen, deren genaue Natur unbekannt ist, deren Schwerkraft den lokalen Superhaufen anzieht, so daß er auf diesen großen Attraktor hinzustürzen scheint.

Helium: ein chemisches Element, dessen Kern aus zwei Protonen und zwei Neutronen aufgebaut ist (^{4}He). Es gibt auch eine andere Sorte, die aus zwei Protonen und einem Neutron besteht (^{3}He). Die Materie im Universum besteht zu 25% aus Helium, von dem der überwiegende Teil in den ersten drei Minuten nach dem Urknall entstanden ist.

Hintergrundstrahlung: Mikrowellenstrahlung (im kurzwelligen Radiobereich), die das Universum völlig erfüllt und zu der Zeit abgestrahlt wurde, als das Universum erst 300 000 Jahre alt war. Der COBE-Satellit hat festgestellt, daß die Temperatur dieser Strahlung, die etwa bei 2,7 Grad Kelvin liegt, sich von Punkt zu Punkt im Universum nur um ein Dreißigmillionstel ändert. Solche Temperaturfluktuationen sind Anzeichen für Dichtefluktuationen, die „Keime", aus denen sich später die Galaxien entwickeln. Die Hintergrundstrahlung und die Expansion des Universums stellen die beiden Säulen dar, auf denen die Theorie des Urknalls ruht.

interstellarer Staub: kleine Staubkörner mit Größen von Millionstel Zentimetern, die in den Hüllen Roter Riesen entstehen. Der interstellare Staub absorbiert vorzugsweise das blaue Licht der Sterne, schwächt ihre Strahlung und macht sie röter.

irreguläre Galaxie: häufig eine Zwerggalaxie, die weder Spiral- noch Ellipsenform aufweist. Sie besteht zum einen großen Teil aus jungen Sternen, aus Gas und Staub.

Jets: gebündelte Materieströme, die von den Kernen aktiver Galaxien in zwei entgegengesetzte Richtungen ausgesandt werden. Sie bestehen zum Teil aus sehr schnellen Elektronen. Diese Elektronen wechselwirken mit dem Magnetfeld der Galaxie und erzeugen Radiostrahlung in zwei riesigen, die Galaxie umgebenden Gebieten.

Komet: eine mehrere Kilometer große Kugel, die aus Eis und Staub zusammengesetzt ist. Sie ist nur in Sonnennähe sichtbar, wenn sie das Licht der Sonne reflektiert. Das Eis verdampft unter dem Einfluß der Sonnenstrahlung und bildet einen großen Schweif, der durch den Einfluß des Sonnenwindes von der Sonne weggerichtet ist und eine Länge von Hunderten von Millionen Kilometern erreichen kann.

kosmische Strahlung: aus Teilchen (vor allem Protonen und Elektronen) bestehende Strahlung. Die Teilchen sind durch Supernovae und Magnetfelder im interstellaren Raum auf hohe Energien beschleunigt worden.

Kosmologie: die Wissenschaft von der Entstehung und Entwicklung des Universums und seiner großräumigen Strukturen.

kritische Dichte: die Materiedichte, bei der das Universum flach ist, d.h. keine Raumkrümmung aufweist. Diese Dichte beträgt heute im Mittel drei Wasserstoffatome pro Kubikmeter. Ein Universum, das eine kritische Dichte besitzt, wird in seiner Expansion erst nach unendlich langer Zeit gestoppt. Ein Universum mit einer höheren als der kritischen Dichte hat eine positive Raumkrümmung und wird irgendwann in der Zukunft wieder in sich zusammenstürzen (ein solches Universum nennt man ein geschlossenes Universum). Ein Universum mit einer Dichte, die niedriger als die kritische Dichte ist, weist eine negative Raumkrümmung auf und expandiert für alle Zeiten (man sagt, es ist offen). Die heutigen Beobachtungen scheinen auf ein offenes Universum hinzudeuten.

Kugelsternhaufen: eine kugelförmige Ansammlung von etwa 100 000 Sternen, die durch die Schwerkraft miteinander verbunden sind.

Lichtjahr: die im Laufe eines Jahres von einem Lichtstrahl zurückgelegte Entfernung. Sie beträgt 9,46 Billionen Kilometer (oder 63 000 mal die Entfernung Erde – Sonne). Entsprechend gilt: 1 Lichtsekunde = 300 000 km, 1 Lichtminute = 18 Millionen km, 1 Lichtstunde = 1,1 Milliarden km, 1 Lichttag = 26 Milliarden km, 1 Lichtmonat = 788 Milliarden km.

lokale Gruppe: eine Gruppe von Galaxien, zu denen die Milchstraße und der Andromedanebel gehören. Beide besitzen Massen von etwa 1 Billion Sonnenmassen und dominieren die lokale Gruppe. Die anderen Mitglieder der lokalen Gruppe, beispielsweise die Magellanschen Wolken, sind Zwerggalaxien mit 10 Millionen bis 10 Milliarden Sonnenmassen.

lokaler Superhaufen: der Superhaufen, dem die Milchstraße angehört. Die lokale Gruppe, in der sich die Milchstraße befindet, liegt am Rande der abgeplatteten Scheibe des Superhaufens, in dessen Zentrum sich der Galaxienhaufen in der Jungfrau befindet (der lokale Superhaufen wird auch als Virgo-Superhaufen bezeichnet).

Milchstraße: die Galaxis, ein Sternsystem von hundert Milliarden Sternen, von denen einer unsere Sonne ist. Im Gegensatz zu anderen Galaxien können wir die Milchstraße nur „von innen" sehen: Sie erstreckt sich als leuchtendes Band über den Himmel, und alle mit dem bloßen Auge sichtbaren Sterne gehören ihr an.

Neutrino: ein neutrales Elementarteilchen, das nur der schwachen Wechselwirkung unterworfen ist. (Falls es eine Masse besitzt, ist es der Schwerkraft unterworfen). Neutrinos entstanden in den ersten Augenblicken des Universums in großer Zahl, sie entstehen heute im Innern der Sterne und in Supernovaexplosionen. Falls die Neutrinomasse nur ein Millionstel der Elektronenmasse beträgt, können sie die Materiedichte des Universums entscheidend mitbestimmen. Falls sie ein Zehntausendstel der Elektronenmasse haben, kann die von ihnen ausgeübte Schwerkraft die Expansion des Universums aufhalten, so daß es in sich zusammenstürzt. Man weiß jedoch bis heute nicht, ob Neutrinos überhaupt eine Masse besitzen.

Neutron: ein aus drei Quarks aufgebautes neutrales Elementarteilchen. Atomkerne sind aus Neutronen und Protonen aufgebaut. Das Neutron ist 1838 mal massereicher als das Elektron und ein wenig schwerer als ein Proton.

Neutronenstern: ein Himmelsobjekt mit einem Durchmesser von etwa 20 Kilometern und einer Dichte, die 10^{14} Gramm pro Kubikzentimeter beträgt. Ein solcher Stern, der seinen Brennstoff aufgebraucht hat, besitzt eine Masse zwischen 1.4 und 5 Sonnenmassen. Er ist fast vollständig aus Neutronen aufgebaut, rotiert schnell um seine Achse und besitzt einen gebündelten Radio- oder Lichtstrahl, der dabei jedes Mal die Erde überstreicht. Dies wird von den Astronomen als eine Folge von periodischen Signalen aufgezeichnet, die einen solchen Stern zuerst mit dem Namen „Pulsar" bezeichneten.

Photon: Elementarteilchen, aus denen die Strahlung zusammengesetzt ist. Photonen besitzen keine Masse und bewegen sich mit der größtmöglichen Geschwindigkeit, der Lichtgeschwindigkeit (300 000 Kilometer pro Sekunde). Je nach der von einem Photon transportierten Energie kann das Teilchen (nach abnehmender Energie geordnet) ein Gammaquant, ein Röntgenstrahl, ein Ultraviolettphoton, ein Lichtteilchen, ein Infrarotphoton oder eine Radiowelle sein (man beachte den Dualismus von Teilchen und Welle, der für Photonen typisch ist: Bei hohen Energien dominieren die Teilcheneigenschaften, bei niedrigen Energien die Welleneigenschaften).

Planet: ein kugelförmiges Himmelsobjekt mit mehr als 1 000 Kilometern Durchmesser, das keine eigene Kernenergiequelle hat, und das um einen Stern kreist, dessen Licht es reflektiert.

Planetarischer Nebel: Gashülle, die von einem Stern abgestoßen wird, bevor er sich in einen Weißen Zwerg verwandelt. Diese Hülle wird vom im Zentrum stehenden Stern zum Leuchten angeregt und erscheint in Teleskopen als rundes Scheibchen.

Proton: ein Elementarteilchen mit positiver elektrischer Ladung, das aus drei Quarks aufgebaut ist. Ein Proton ist 1836 mal massereicher als ein Elektron. Atomkerne sind aus Protonen und Neutronen aufgebaut.

Protuberanzen: große, im Licht des Wasserstoffs leuchtende Materiewolken in der Sonnenatmosphäre, die vor allem am Sonnenrand gut zu beobachten sind. Die mittlere Ausdehnung einer Protuberanz beträgt 200 000 km. Protuberanzen können eine Lebensdauer von einigen Wochen haben, sich aber auch binnen weniger Stunden auflösen, indem sie auf die Sonnenoberfläche zurückfallen oder in den Weltraum geschleudert werden.

Pulsar: siehe Neutronenstern.

Quarks: Elementarteilchen, aus denen Protonen und Neutronen aufgebaut sind. Ein Quark besitzt den Bruchteil einer elektrischen Elementarladung, die $1/3$ oder $2/3$ der Ladung des Elektrons beträgt, und es ist der starken Wechselwirkung unterworfen. Quarks sind hypothetische Teilchen, da man sie im Laboratorium noch nie isoliert gefunden hat.

Quasar: ein Himmelsobjekt, das wie ein Stern aussieht (der Name ist aus dem englischen Wort quasi-star abgeleitet), dessen Licht jedoch eine merkliche Rotverschiebung aufweist, was auf eine sehr große Entfernung hinweist. Quasare sind die am weitesten entfernten und hellsten Objekte im Universum. Ihre riesigen Energiemengen werden vermutlich im Umfeld Schwarzer Löcher erzeugt, die Massen von Milliarden Sonnenmassen besitzen und die Sterne der sie umgebenden Galaxie verschlingen. Eine Minderheit unter den Astronomen glaubt, daß die große Rotverschiebung des Lichts der Quasare nichts mit ihrer Entfernung zu tun hat und sie in Wirklichkeit relativ nahe Objekte sind.

retrograde Bewegung: die scheinbare Bewegung der Planeten an der Himmelskugel relativ zu den Sternen in einer Richtung, die der üblichen Richtung entgegengesetzt ist.

Röntgenstrahlung: aus Photonen hoher Energie bestehende elektromagnetische Strahlung.

Roter Riese: ein Stern, der seinen Wasserstoff aufgebraucht hat und jetzt Helium in Kohlenstoff umwandelt. Das Heliumbrennen bläht die äußere Hülle auf, so daß der Durchmesser des Sterns viele Male größer ist als zu Anfang, so daß man ihn jetzt als Riesen bezeichnet. Gleichzeitig wird seine Oberfläche kühler, und sein Licht wird röter.

schwache Wechselwirkung: eine Kraft, die für den Zerfall der Atome und die Radioaktivität verantwortlich ist. Sie wirkt nur auf Skalen, die kleiner als ein Atomdurchmesser (= 10^{-15} cm) sind.

Schwarzer Zwerg: ein Weißer Zwerg, der die ganze Bewegungsenergie seiner Elektronen als Strahlung in den Weltraum abgegeben hat, wird zu einem solchen unsichtbaren Sternüberrest.

Schwarzes Loch: das Ergebnis des Zusammensturzes eines Sterns mit einer Masse von mehr als 5 Sonnenmassen. Ein solcher Kollaps verursacht ein starkes Gravitationsfeld, verbunden mit einer so starken Raumkrümmung, daß Materie und Licht das Schwarze Loch nicht mehr verlassen können.

schwere Elemente: alle chemischen Elemente, deren Kern schwerer als ein Heliumkern ist. In der Astronomie werden die schweren Elemente auch „Metalle" genannt; sie werden im Innern der Sterne durch Kernreaktionen aufgebaut.

Spiralgalaxie: eine Galaxie mit einer kugelförmigen Anordnung von Sternen (dem Zentralgebiet oder Bulge) inmitten einer abgeplatteten Sternscheibe, die auch aus interstellarem Gas und Staub besteht. Die leuchtkräftigen jungen Sterne bilden in der Scheibe auffällige Spiralarme.

starke Wechselwirkung: die stärkste der vier Naturkräfte. Sie bindet die Quarks aneinander und bildet so die Protonen und Neutronen, und sie bindet die Protonen und Neutronen zu Atomkernen zusammen. Sie wirkt nur innerhalb der Atomkerne (Durchmesser etwa 3.10^{-13} cm) und beeinflußt nicht die Photonen und Elektronen.

Steady-State-Theorie: die kosmologische Theorie des stationären Zustandes des Universums, die auf dem perfekten kosmologischen Prinzip beruht. Diesem Prinzip zufolge sieht das Universum nicht nur an jedem Ort in jeder Richtung, sondern auch zu jedem Zeitpunkt (nahezu) gleich aus. Um die Leere auszufüllen, die zwischen den Galaxien wegen der Expansion des Universums immer größer wird, muß die Theorie eine kontinuierliche Erschaffung von Materie aus dem Nichts postulieren.

Stern: eine aus 98 % Wasserstoff und Helium und aus 2 % schweren Elementen bestehende Gaskugel, die durch zwei einander entgegengesetzt wirkende Kräfte im Gleichgewicht gehalten wird: Die Schwerkraft, die den Stern zusammenzudrücken versucht, und der Gas- und Strahlungsdruck, der durch die Kernreaktionen im Sterninnern aufgebaut wird, und der ihn auseinanderzutreiben versucht. Die Masse der Sonne beträgt 2×10^{33} Gramm, und die Massen der Sterne können zwischen einem Zehntel und hundert Sonnenmassen liegen.

Superhaufen von Galaxien: eine Ansammlung von Zehntausenden von Galaxien, die in Gruppen und Haufen zusammenstehen und durch die Schwerkraft zusammengehalten werden. Superhaufen weisen eine abgeplattete Form auf, besitzen einen mittleren Durchmesser von 90 Millionen Lichtjahren und eine Masse von 10 Billionen (10^{15}) Sonnenmassen.

Urknall: eine kosmologische Theorie, der zufolge das anfänglich sehr heiße und dichte Universum durch eine riesige Explosion begonnen hat, die vor etwa 10 bis 20 Milliarden Jahren stattfand. Diese Explosion markiert den Beginn einer Expansion, die bis heute andauert.

Wasserstoff: das leichteste der chemischen Elemente. Ein Wasserstoffatom besteht aus einem Proton, das von einem Elektron umkreist wird. Drei Viertel der Materie des Universums besteht aus Wasserstoff.

Weißer Zwerg: ein kleines Himmelsobjekt mit einem Durchmesser von etwa 10 000 km (also etwa Erdgröße), einer hohen Dichte (10^5 bis 10^8 Gramm pro Kubikzentimeter) und einer Masse von nicht mehr als 1,4 Sonnenmassen. Ein nicht allzu massereicher Stern, der seinen Brennstoff aufgebraucht hat, entwickelt sich zum Weißen Zwerg. Die Elektronen des Weißen Zwerges können nicht sehr dicht zusammengedrückt werden und bauen deshalb einen Druck auf, der der Schwerkraft entgegengerichtet ist, und der verhindert, daß der Stern völlig in sich zusammenstürzt. Ein solcher Zwerg hat im allgemeinen eine hohe Oberflächentemperatur und strahlt weißes Licht aus.

Zwerggalaxie: eine Galaxie geringer Größe und Masse. Der mittlere Durchmesser beträgt 15 000 Lichtjahre, sechsmal kleiner als der Durchmesser einer normalen Galaxie. Die Masse schwankt zwischen 100 Millionen und einer Milliarde Sonnenmassen, 1 000 bis 10 000 mal weniger als die Masse einer normalen Galaxie. Zwerggalaxien können von elliptischer oder irregulärer Form sein, es scheint aber keine Zwerggalaxie mit Spiralarmen zu geben.

Kleine Auswahl der weiterführenden Literatur

Emmanuel Davoust: Signale ohne Antwort? Die Suche nach außerirdischem Leben. Basel, 1993.

Timothy Ferris: Kinder der Milchstraße. Die Entwicklung des modernen Weltbildes. Basel, 1989.

Karl S. Guthke: Der Mythos der Neuzeit. Das Thema der Mehrheit der Welten in der Literatur- und Geistesgeschichte von der kopernikanischen Wende bis zur Science-Fiction. Bern und München, 1983.

Dieter B. Herrmann: Geschichte der modernen Astronomie. Berlin, 1984.

Bernulf Kanitscheider: Kosmologie. Geschichte und Systematik in philosophischer Perspektive. Stuttgart, 1984.

Rudolf Kippenhahn: Licht vom Rande der Welt – Das Universum und sein Anfang. Stuttgart, 1984.

Arthur Koestler: Die Nachtwandler. Das Bild des Universums im Wandel der Zeit. Bern – München – Wien, 1963.

Dennis Overbye: Das Echo des Urknalls. Kernfragen der modernen Kosmologie. München, 1991.

Kirsten Rohlofs: Die Ordnung des Universums. Basel, 1992.

Joseph Silk: Der Urknall – die Geburt des Universums. Basel, 1990.

James Trefil: Im Augenblick der Schöpfung. Physik des Urknalls von der Planck-Zeit bis heute. Basel, 1984.

Steven Weinberg: Die ersten drei Minuten – Der Ursprung des Universums. München – Zürich, 1977.

Verwendete Literatur

Archimedes: Aristarchs Hypothese eines heliozentrischen Universums; aus: Der Weg der Physik, herausgegeben von S. Sambursky. © 1965 Artemis Verlag, Zürich.

Nikolaus Kopernikus: Über die Ordnung der Himmelskreise; aus: Der Weg der Physik. Ebd.

Johannes Kepler: Die Harmonie der Welt; aus: Die Zusammenklänge der Welten. © Eugen Diederichs Verlag, München.

Isaac Newton an Rev. Dr. Richard Bentley (10. Dezember 1692); aus: Bau und Bildung des Weltalls, herausgegeben von Bernhard Sticker. © 1967 by Herder Verlag, Freiburg.

William Herschel: Friedrich Wilhelm Herschel; aus: Bau und Bildung des Weltalls. Ebd.

Albert Einstein: Über die spezielle und allgemeine Relativitätstheorie. Permission granted by the Albert Einstein Archives, the Hebrew University of Jerusalem, Israel.

Edwin P. Hubble: Das Reich der Nebel. © 1938 Friedrich Vieweg & Sohn, Braunschweig.

Georges Lemaître: The beginning of the world from the point of view of quantum theory. Mit freundlicher Genehmigung der Zeitschrift „Nature" Nr. 127, Seite 706.© 1931 Macmillan Magazines Ltd.,London.

Jacques Monod: Zufall und Notwendigkeit. © R. Piper & Co. Verlag, München 1971.

Steven Weinberg: Die ersten drei Minuten. © 1977, 1988 by Steven Weinberg. Reprint by permission of Basic Books, a division of Harper Collins Publishers. Copyright an der Übersetzung von Friedrich Griese: © R. Piper & Co. Verlag, München 1977.

Freeman Dyson: Das Argument der Zweckmäßigkeit (1979); aus: Innenansichten – Erinnerungen an die Zukunft. © 1981 Birkhäuser Verlag, Basel/Schweiz.

Stephen W. Hawking: Eine kurze Geschichte der Zeit (Auszug). Übersetzung von Hainer Kober. © 1988 by Rowohlt Verlag GmbH, Reinbek.

Giordano Bruno: Zwiegespräche vom unendlichen All und den Welten (1584). © Eugen Diederichs Verlag, München.

Bernard le Bovier de Fontenelle: Dialoge über die Mehrheit der Welten, zit. n.: Dialogen über die Mehrheit der Welten mit Anmerkungen und Kupfertafeln von Johann Elert Bode. Berlin 1780.

Kurd Laßwitz: Unser Recht auf Bewohner anderer Welten. München 1910.

Carl Sagan/Jerome Agel: Nachbarn im Kosmos. © 1975 Kindler Verlag, München.

Egon Friedell: Ist die Erde bewohnt?; aus: Die besten klassischen Science Fiction Geschichten. © 1992 by Verlag Kremayr & Scheriau, Wien.

Barthold Heinrich Brockes: Irdisches Vergnügen in Gott (1721 – 1748). Hrsg. von F. v. Hagedorn und M. A. Wilckens. Leipzig 2. Auflage, 1763.

Immanuel Kant: Kritik der praktischen Vernunft. Riga, 1788

Friedrich Schiller: An die Astronomen; aus: Gedichte. Herausgegeben von Siegfried Lebrecht, Leipzig 1804

Edgar Allan Poe: Heureka (1848). Übersetzung von Arno Schmidt. © Arno Schmidt Stiftung, Bargfeld.

Antoine de Saint-Exupéry: Der Kleine Prinz. © 1956 Karl Rauch Verlag KG, Düsseldorf.

Arno Schmidt: Leviathan oder Die beste der Welten. Copyright 1949 by Rowohlt Verlag. Hamburg-Stuttgart. Abdruck mit Genehmigung des S. Fischer Verlag GmbH, Frankfurt am Main.

Bildnachweis

Umschlag
Vorderseite: „Kosmisches Ballett". Illustration von Pierre-Marie Valat. Orionnebel. Foto: Ciel et Espace/Sisk.

Rückseite: Die Pleiaden. Foto: NASA.
Buchrücken: Spiralförmige Galaxie in Seitenansicht.
Foto: Smithsonian Institution, Washington.

Bildvorspann

1 Galaxie M 101 im sichtbaren Licht. Foto: Ciel et Espace/CFHT/Gregory.
2 Pferdekopfnebel im sichtbaren Licht. Foto: Ebd.
3 Spiralförmige Galaxie M 106, mit dem elektronischen Detektor CCD (Charged Coupled Device) aufgezeichnetes Bild. Foto: Science Photo Library/George Fowler.
4 Die Galaxie M 104 im sichtbaren Licht. Foto: Science Photo Library/Gordon.
5 Die spiralförmige Galaxie M 81 in einer CCD-Aufnahme. Foto: Science Photo Library/George Fowler.
6 Tarantulanebel. Foto: Ciel et Espace/ESO.
7 Die spiralförmige Galaxie NGC 1097, Computerbild. Foto: Science Photo Library/Lorre.
8 Orionnebel. Foto: Ciel et Espace/Sisk.
9 Der Trifidnebel M 20, NGC 6514. Sternbild des Schützen. Ausschnitt aus einer CCD-Aufnahme. Foto: Science Photo Library/George Fowler.
11 Sonnenfinsternis mit einer Korona weißen Lichts. Foto: NASA.

Erstes Kapitel

12 „Die Sonne wandert über den Körper der Himmelsgöttin Nut". Ägyptischer Sarkophag aus dem 7. Jh. vor Chr. Paris, Musée du Louvre. Foto: Réunion des Musées nationaux, Paris.
13 „Die Ordnung der Welt". Miniatur; aus: „Les echecs amoureux" der Louise von Savoyen aus dem 15. Jh. Paris, Bibliothèque nationale.
14 Eine Frau kniet vor dem falkenköpfigen Himmelsgott Horus. Stuckierte, bemalte Holzstele aus Unterägypten. Paris, Musée du Louvre. Foto: Réunion des Musées nationaux, Paris.
14/15 Shiva Mataraja, der in einem Kreis aus Feuer tanzende Hindu-Gott. Bronzeguß dravidischen Stils, Südindien. Paris, Musée Guimet. Foto: Dagli Orti, Paris.
16 (oben) Ein chinesischer Philosoph studiert das Yin und das Yang. Chinesische Stickerei aus dem 19. Jh. London, British Museum.
16 (unten) Das Ptolemäische Planetensystem im „Liber floridus" des Lambert von Saint-Omer. Paris, Bibliothèque nationale.
17 (oben) Ebd.
17 (mitte) Ebd.
17 (unten) Ebd.
18 Manuskript des Eudoxos von Knidos. Papyrus mit astronomischen Aufzeichnungen und Symbolen der Tierkreiszeichen. Ägypten, 2. Jh. n. Chr. Paris, Musée du Louvre. Foto: Réunion des Musées nationaux, Paris.
19 Der Himmel und die himmlischen Sphären. Holzschnitt aus dem „Liber Chronicarum" von Hartmann Schedel von 1493. London, British Museum.

20 „Die Ordnung der Welt". Frontispiz; aus: „Almagestum novum", Riccoli (1651). Paris, Bibliothèque nationale.
21 Das Sonnensystem und die Planetenumlaufbahnen nach Kopernikus. Kolorierter Stich von Jean Baptiste Homan (1700). Paris, Bibliothèque nationale.
22 (oben) Das System der himmlischen Sphären nach Tycho Brahe. Aquatinta-Stich von Nicolas de Fer (1670). Paris, Bibliothèque nationale. Foto: Paris, Bibliothèque nationale.
22 (unten) Stjerneborg. Gemälde von Heinrich Hansen, 1882. Frederiksborg, Nationalhistoriske Museum. Foto: Nationalh. Museum, Frederiksborg.
23 Der Komet von 1577. Kolor. Stich. Foto: D. R.
24 (links) Die verschiedenen Mondphasen. Aus einem Manuskript von Galileo Galilei. Florenz, Nationalbibliothek. Foto: Scala, Florenz.
24 (rechts) Ebd.
25 (oben) Porträt Galileo Galileis. Gemälde von Ottavio Leoni (1624). Paris, Musée du Louvre. Foto: Réunion des Musées nationaux, Paris.
25 (unten) Die verschiedenen Mondphasen. Aus einem Manuskript von Galileo Galilei. Florenz, Nationalbibliothek. Foto: Scala, Florenz.
26 Sphärenmodell. Stich; aus: „Mysterium cosmographicum" von Johannes Kepler (1596). Paris, Bibliothèque nationale.
27 (oben) Das Teleskop Isaac Newtons von 1672. Foto: Archives Larousse, Paris.
27 (unten) „Das Planetarium". Gemälde von Joseph Wright of Derby (1766). Derby, Museum and Art Gallery. Foto: Giraudon, Paris.
28 (oben) Der Spiralnebel Messier 51. Zeichnung von Lord Rosse von 1845. Paris, Bibliothèque de l'Observatoire. Foto: Archives Larousse, Paris.
28 (unten) Konstruktion des Riesenteleskops von Lord Rosse. Lithographie. Foto: Ronan Picture Library, Somerset.
29 (oben) Porträt Marquis de Laplaces. Gemälde von Alphonse Carrière. Paris, Bibliothèque de l'Observatoire. Foto: Archives Larousse, Paris.
29 (unten) Der Spiralnebel Messier 99. Zeichnung von Lord Rosse von 1845. Ebd.

Zweites Kapitel

30 Der Andromedanebel. Foto: NASA.
31 Das Radioteleskop „Very Large Array" in New Mexico. Foto: Ebd.
32 Schnitt durch ein Observatorium an der Militärschule von Paris. Aquarellierte Federzeichnung aus dem 18. Jh. Portefeuilles Industriels. Paris, Conservatoire national des arts et métiers.
33 (links) Das Teleskop von George Ellery Hale auf dem Mount Palomar. Zeichnung von R. W. Porter. Foto: Archives Larousse, Paris.
33 (rechts) Die Kuppel des Teleskops von George Ellery Hale in Mont Palomar. Zeichnung von R. W. Porter (1939). Foto: California Institute of Technology, Palomar Observatory, Pasadena.
34 (links) Das aktive Zentrum der Galaxie Centaurus A entsendet Radiostrahlen. Aufnahme im sichtbaren Licht. Foto: Anglo Australian Telescope Board.

34 (rechts) Die Galaxie Centaurus A. Aufnahme durch Radiowellen. Foto: European Southern Observatory, München.
35 (oben) Die Galaxie im Röntgenlicht. Foto: Smithsonian Institution, Washington.
35 (unten) Modell des Projekts „Very Large Telescope" des ESO (European Southern Observatory) München. Foto: European Southern Observatory, München.
36 Das Wellenspektrum der verschiedenen Lichtarten. Schaubild. Zeichnung von Emmanuel Calamy. Foto: E. Calamy.
37 (oben) Das Hubble-Raumteleskop. Gemälde von Paul Hudson. Foto: NASA.
37 (unten links) Simulierte Ansicht einer Ansammlung von Galaxien in einer Entfernung von 1,5 Billionen Lichtjahren durch ein Sonnenteleskop vom Typ Palomar. Foto: Ebd.
37 (unten rechts) Ansicht einer Ansammlung von Galaxien durch das Hubble-Raumteleskop. Foto: Ebd.
38 (oben) Die Milchstraße; aus: „Catalogue d'etoiles" von William Herschel. Foto: Editions Gallimard, Paris.
38/39 (unten) Schnitt durch die Milchstraße. Illustration von P.- M. Valat.
39 (oben) Ansammlung von Planeten im Sternbild des Herkules. Foto: California Institute of Technology, Palomar Observatory, Pasadena.
40/41 Die Milchstraße. Aufnahme durch Radiowellen, 408 MHz. Foto: Max Planck – Institut, Bonn.
42/43 Die Milchstraße bei Infrarotlicht. Foto: Astronomic Society of the Pacific.
44 (unten) Zentrum einer Galaxie bei Infrarotlicht. Foto: NASA.
44/45 (oben) Die Milchstraße im sichtbaren Licht. Foto: Mount Stromlo and Siding Springs Observatories.
44/45 (Mitte) Die Milchstraße bei Röntgenlicht. Foto: NASA.
46 (links) Der Andromedanebel. Zeichn. von Messier. Académie des Sciences. Foto: Ciel et Espace.
46/47 „Les Universelles". Stich; aus: „Une nouvelle théorie de l'univers" von Thomas Wright (1750). Foto: D.R.
47 (rechts) Die Entdeckung eines veränderlichen Sterns im Andromedanebel durch Edwin Powell Hubble. Foto: California Institute of Technology, Palomar Observatory, Pasadena.
48 (unten) Der „Sombrero"-Nebel. Foto: European Southern Observatory, München.
48/49 (oben) Diagramm von E. P. Hubble. Schaubild. Zeichnung von Emmanuel Calamy. Foto: E. Calamy.
49 (unten) Elliptische Galaxie Messier 87. Foto: Macdonald Observatory.
50 (links) Galaxie NGC 2997. Foto: Anglo Australian Telescope Board.
50 (rechts) Galaxie NGC 89, Computerdarstellung. Foto: D.R.

51 Die irreguläre Galaxie MKN 86. Foto: Trinh X. Thuan.
52 (oben) Computersimulation eines Zusammenstoßes zweier Galaxien. Foto: NASA.
52 (unten) Die Galaxie „La Souris" (Die Maus). Foto: Ebd.
53 „Kannibalische" Galaxie. Foto: NASA/NOAO.
54 Quasar 3C273. Röntgenbild. Foto: NASA.
55 (links) Auswurf des aktiven Zentrums der elliptischen Galaxie Messier 87. Foto: Smithsonian Institution, Washington.
55 (rechts) Auswurf von Radiostrahlen von Messier 87. Foto: D.R.
56/57 „Kosmisches Ballett". Illustration von P.-M. Valat.
58 Ansammlung von Galaxien des Sternbildes der Jungfrau. Foto: Smithsonian Institution, Washington.
59 (oben) Die großen Leerräume im Universum. Dokument von Valérie de Lapparent. Foto: D.R.
59 (unten) Simulation des Universums durch den Computer. Dokument von E. Bertschinger. Foto: Ebd.

Drittes Kapitel
60 Blasenkammer. Foto: CERN, Genf.
61 „Man wird sich alles auf dem Schwarzmarkt besorgen müssen!" Zeichnung von Jean Effel, aus: „La création du monde" (1961). Foto: Jean Effel.
62 Der Triumph des Hl. Thomas von Aquin. Gemälde von Benozzo Gozzoli, 15. Jh. Paris, Musée du Louvre. Foto: Réunion des Musées nationaux, Paris.
63 Edwin P. Hubble am Schmidt-Teleskop auf dem Mount Palomar in Kalifornien, dessen Durchmesser 1,2 m beträgt. Foto: DITE/IPS/NASA.
64 (oben) Die Ausdehnung der Oberfläche eines Luftballons veranschaulicht die Ausdehnung des Universums. Foto: Archives Larousse, Paris.
64/65 (unten) Die Erschaffung des Universums durch den Urknall.
66 (links und rechts) Stillstehendes Universum. Foto: D.R.
67 Glasfenster, das den Eindruck eines sich ausdehnenden Universums erweckt. Foto: D.R.
68 (oben) Porträt George Gamows. Foto: Archives Larousse, Paris.
68/69 (unten) Das Radioteleskop der Bell-Laboratories. Foto: Bell-Laboratories.
69 (oben) Cosmic Background Explorer (COBE). Gemälde. Foto: NASA.
70/71 Bild des Himmels, vom Satelliten COBE aufgenommen. Foto: Sipa Press.
72 (links) Die künstlerische Darstellung der Theorie des Urknalls durch Frank J. Malina. Foto: Archives Larousse, Paris.
72/73 Teilchen und Antiteilchen am Beginn des Universums. Schaubild. Zeichnung von Emmanuel Calamy. Foto: E. Calamy.
74/75 (oben) Die Quarks sammeln sich in den Kernen, bevor die Kerne sich mit den Elektronen zusammenfinden, um Atome zu bilden. Schaubild. Ebd.

75 (unten) Die Keimzellen neuer Galaxien. Foto: NASA.

76/77 Die Entstehungsgeschichte des Universums. Schaubild. Ebd.

Viertes Kapitel

78 Verdichtungen aus Staub und Gas im Sternbild des Schützen, IC 1283-4 genannt, die zur Entstehung eines Sternes führen können. Foto: Australian Telescope Board.

79 Überreste einer Supernova, aufgezeichnet durch Radiowellen. Foto: NASA.

80 Das Zentrum der Verdichtung von Materie im Sternbild Orion, NGC 2024 genannt. Aufnahme bei sichtbarem Licht. Foto: NASA/NOAO.

81 (oben) Die Verdichtung NGC 2024, aufgenommen bei Infrarotlicht. Foto: Ebd.

81 (unten) Der Kleeblattnebel. Aufgenommen bei Infrarotlicht. Foto: Anglo Australian Telescope Board.

82 (oben) Sonnenflecken. Foto: D.R.

82/83 Eruption an der Sonnenoberfläche. Foto: NASA.

83 (unten) Der Komet West. Foto: Astronomic Society of the Pacific.

84 (oben) Protuberanzen am Sonnenrand. Bei ultraviolettem Licht entstandene Aufnahme vom Sonnenteleskop Skylab (1973). Fotos: NASA.

84/85 (unten) Ebd.

85 Eruption an der Sonnenoberfläche, bei ultraviolettem Licht. Foto: Ebd.

86 Sonnenkorona, aufgenommen bei ultraviolettem Licht. Foto: Ebd.

87 (oben) Korona der Erde, durch eine Interaktion der Sonne und der Erde hervorgerufen. Aufnahme bei ultraviolettem Licht. Foto: Ebd.

87 (unten) Sonnenkorona. Computeraufnahme. Foto: Bbd.

88/89 (oben) Inneres eines Sterns. Schaubild. Zeichnung von Emmanuel Calamy. Foto: E. Calamy.

89 (mitte) Roter Riesenstern. Foto: Anglo Australian Telescope Board.

89 (unten) Energietransport vom Zentrum der Sonne an deren Oberfläche. Schaubild. Zeichnung von Emmanuel Calamy. Foto: E. Calamy.

90 Gefurchte Oberfläche eines Meteoriten. Foto: NASA.

91 Planetennebel im Sternbild der Leier, Messier 57. Foto: Ebd.

92 (links und rechts) Vor und nach dem Auftreten der Supernova 1987 A. Foto: European Southern Observatory, München.

93 Ansicht der Supernova 1987 A durch das Hubble-Raumteleskop. Foto: NASA.

94 (oben) Der Neutronennebel Cygnus X-2. Foto: Ebd.

94 (unten) Der Krebsnebel. Foto: California Institute of Technology, Palomar Observatory, Pasadena.

95 (oben) Das leuchtende Pulsar des Krebsnebels. Aufnahme bei Röntgenstrahlung. Foto: NASA.

95 (unten) Pulsar. Illustration von P.-M. Valat.

„Es ist nicht gerade leicht, das Universum mit der Handkurbel in Schwung zu bringen!"

96 Schwarzes Loch. Schaubild. Zeichnung von Emmanuel Calamy. Foto: E. Calamy.

97 Binäres System, ein „Schwarzes Loch" umschließend und Röntgenstrahlen aussendend. Ebd.

98/99 Leben und Sterben eines Sterns. Illustration von P.-M. Valat.

100 (oben) Überreste einer Supernova. Foto: Smithsonian Institution, Washington.

100/101 (unten) Eisenklinge aus Riva del Garda. Römische Arbeit aus dem 1. Jh. Stadtmuseum La Rocca. Foto: Dagli Orti, Paris.

101 (oben) Keltische Goldschmiedearbeit. London, British Museum.

Fünftes Kapitel

102 Die Lavamassen des 1977 ausgebrochenen Vulkans Kilauea fließen in den Indischen Ozean, wobei sie nach und nach die Insel Hawaii vergrößern. Foto: Explorer/Krafft, Paris.

103 Primitiver Organismus. Foto: D.R.

104/105 (oben) Modell eines interstellaren Staubkornes. Foto: NASA.

104/105 (unten) Molekularstrukturen von Wasser, Methan und Ammoniak. Schaubild. Zeichnung von Emmanuel Calamy. Foto: E. Calamy.

106 Die Geburt des Sonnensystems. Schaubild. Ebd.

107 Der Planet Jupiter und seine Monde. Foto: NASA.

108/109 Das Sonnensystem. Illustration von P.-M. Valat.

110 (oben) Der Planet Merkur. Foto: Ciel et Espace/JPL.

110 (mitte) Oberfläche der nördlichen Hemisphäre des Planeten Venus. Fotografische Aufnahme von der Sonde „Magellan" von 1990. Foto: Ebd.

110 (unten) Vulkan auf der Oberfläche des Planeten Venus. Foto: Ebd.
111 (oben) Der Berg Olympus auf dem Planeten Mars. Foto: NASA.
111 (mitte) Der Planet Mars, gesehen von „Mariner 9". Foto: Ebd.
111 (unten) Der Boden des Planeten Mars. Fotographiert von „Viking I" im Jahre 1976. Foto: Ciel et Espace/JPL.
112 (oben links) Die vier von Galilei entdeckten Jupitermonde Ganymed, Callisto, Io und Europa. Fotographiert von „Voyager I". Foto: NASA.
112 (unten) Der Planet Jupiter. Ebd.
113 (oben) Die Ringe des Planeten Saturn. Ebd.
113 (unten) Der Planet Saturn. Ebd.
114 (oben) Der Planet Neptun. Ebd.
114 (unten) Ebd.
115 (oben) Der Planet Uranus. Fotographiert von „Voyager II". Foto: Ebd.
115 (unten) Die Planeten Pluto und Charon. Fotographiert vom Hubble-Raumteleskop. Foto: Ebd.
116 (oben) Sternschnuppe. Foto: Yerkes Observatory, Chicago.
116 (unten) Meteoritenkrater in der Wüste von Arizona. Foto: Ciel et Espace/Brunier.
117 Aus einem Vulkan entströmende Lavamassen. Foto: Explorer/Krafft, Paris.
118 (oben) Welle im Ozean. Foto: Explorer, Paris.
118 (unten) Doppelhelix der DNA. Foto: Palais de la Découverte.
119 Die Erde. Fotographiert von „Apollo II". Foto: Explorer/Plisson, Paris.
120 (oben) „Ideale Landschaft in der frühen Jurazeit". Lithographie; aus: „La Création naturelle et les êtres vivants" von Dr. Renegade. Paris, Bibliothèque nationale.
120 (unten links und rechts) Fossile Schnecken. Fotos: Editions Gallimard, Paris.
121 Prähistorische Landschaft. Lithographie. Foto: Ebd.
122 (oben) Der Planet Venus. Fotographiert von „Magellan". Foto: NASA.
122/123 (unten) Oberfläche des Planeten Mars. Fotographiert von „Viking I". Foto: Ebd.
123 (oben) Das Ozonloch über der Antarktis. Foto: Ebd.
124 (links) Der Stern Beta Pictoris und seine Scheibe in einer Infrarotaufnahme. Foto: Astronomic Society of the Pacific.
124 (rechts) Plakette an Bord von „Pioneer 10". Foto: NASA.
125 (links) „Voyager I" verläßt den Saturn. Zeichnung von David Hardy. Foto: Ciel et Espace/Hardy.
125 (rechts) Scheibe an Bord von „Voyager I". Foto: NASA.
126/127 Die Raumstation „Freedom". Foto: Ebd.
127 (oben links) Das Radioteleskop der Station Arecibo auf Puerto Rico. Foto: Ciel et Espace.
127 oben rechts) Radio-Botschaft, gesendet von Arecibo. Foto: Ciel et Espace/NAIC-NSF.
Faltblatt Vorderseite: Der kosmische Kalender.

Illustration von Charles Foss. Foto: C. Foss.
Faltblatt Rückseite: Albert Einstein und Gleichungen, die seine Relativitätstheorie beschreiben. Foto: Roger Viollet, Paris.

Zeugnisse und Dokumente
129 Durchbruch des Menschen durch das Himmelsgewölbe und Erkenntnis neuer Sphären; aus: L'Atmosphère, Météorologie populaire von C. Flammarion, 1888. Foto: Hilmar Duerbeck, Münster.
130 Ptolemäus und die Muse der Astronomie; aus: Margarita Philosophica von Gregoor Reinsch 1508. Foto: Ebd.
132 Das Kopernikanische Weltsystem; aus: De Revolutionibus Orbium Coelestium von Nikolaus Kopernikus, 3. Aufl. 1617. Foto: Ebd.
133 Eine elliptische Planetenbahn; aus: Astronomia Nova von Johannes Kepler, 1609. Foto: Ebd.
134 Johannes Kepler. Kupferstich von Jakob von Heyden, 1620/21. Foto: Ebd.
137 Ein Modell des Milchstraßensystems von W. Herschel; aus: Philosophical Transactions von William Herschel, 1784. Foto: Ebd.
140 Edwin Powell Hubble. © dpa, Frankfurt.
144 „Der Jongleur des Universums". Stich von Grandville; aus: Un autre monde, 1844. Foto: DITE/IPS/NASA.
146 Zeichnung von S. Harris. Foto: Ebd.
147 Porträt Weinberg. © dpa, Frankfurt.
153 Stephan Hawking. © dpa, Frankfurt.
155 E. T. Film von S. Spielberg, 1982. Foto: DITE/IPS/NASA.
157 Titelbild einer deutschen Ausgabe von Bernard de Fontenelles Dialogen über die Mehrheit der Welten. Foto: Hilmar Duerbeck, Münster.
160 Zeichnung von S. Harris. Foto: Explorer, Paris.
163 Plakette der Raumsonde Pioneer 10. Foto: NASA.
167 Sternennacht. Deutscher Stich aus dem 19. Jh. Foto: Explorer, Paris.
169 Grabstein Kants. © Bildarchiv Preussischer Kulturbesitz, Berlin.
170 Tycho Brahes Sextant; aus: Astronomiae Instauratae Mechanica von Tycho Brahe, 1598. Foto: Hilmar Duerbeck, Münster.
171 Edgar Allan Poe. Foto: Explorer, Paris.
177 Arno Schmidt. © Archiv für Kunst und Geschichte, Berlin.
187 Karikatur von J. Effel. Foto: D. R.

Register

Inhalt